职业教育电子商务专业新形态教材

短视频制作与运营

DUANSHIPIN ZHIZUO YU YUNYING

主　编　许少伟　　张万东

副主编　孙菁菁

编　者　朱宏渝　　贾新秋　　陈程

重庆大学出版社

图书在版编目（CIP）数据

短视频制作与运营 / 许少伟，张万东主编. -- 重庆：
重庆大学出版社，2023.9（2024.12重印）
职业教育电子商务专业新形态教材
ISBN 978-7-5689-3795-5

Ⅰ.①短… Ⅱ.①许… ②张… Ⅲ.①视频制作—职
业教育—教材②网络营销—职业教育—教材 Ⅳ.
①TN948.4②F713.365.2

中国国家版本馆CIP数据核字（2023）第128565号

职业教育电子商务专业新形态教材

短视频制作与运营

主 编 许少伟 张万东

副主编 孙菁菁

责任编辑：章 可　　版式设计：章 可
责任校对：刘志刚　　责任印制：赵 晟
*
重庆大学出版社出版发行
出版人：陈晓阳
社址：重庆市沙坪坝区大学城西路21号
邮编：401331
电话：（023）88617190　88617185（中小学）
传真：（023）88617186　88617166
网址：http://www.cqup.com.cn
邮箱：fxk@cqup.com.cn（营销中心）
全国新华书店经销
重庆金博印务有限公司印刷
*
开本：787mm×1092mm　1/16　印张：8　字数：186 千
2023年9月第1版　2024年12月第3次印刷
ISBN 978-7-5689-3795-5　定价：39.00元

随着时代的变化，人们已经习惯使用手机观看短视频，因为短视频的时长一般在 15 秒至 5 分钟，时间短，非常适合大家在闲暇时观看。同时，视频内容同文字相比，能够带给用户更好的视听体验。

虽然短视频的时间短，但是内容却一点也不能马虎，需要在有限的时间内放入足够精彩和富有创意的内容，才能吸引观众观看。短视频传播的信息观点鲜明、内容集中、言简意赅，容易被用户理解与接受，一个短视频容易获得比长视频更高的播放量，也容易产生更大的宣传效果。随着短视频的兴起，人人都可以通过手机自行拍摄，通过简单的编辑就可以上传至网络，大量的普通人都加入了短视频创作者的队伍，收获了许多关注和认可。

本书介绍了短视频拍摄、制作、运营的相关内容，共七个项目，包含二十个任务，重点讲解了美食、旅游、产品广告、宣传片、人物写真类短视频的拍摄和编辑方法，以及短视频的运营方式。

（1）强化应用、注重技能培训。书中的每个任务都以技能训练为主，强调技能的重要性，使读者能够切实掌握短视频拍摄和后期制作的基本技能。

（2）案例主导、学以致用。书中通过大量的制作案例，向读者介绍了美食、旅游、产品广告、宣传片、人物写真等类型的短视频应该如何制作，使读者能够快速上手。

（3）图解教学，资源丰富。本书采用图解教学的方式，一步一图，以图析文，让读者读起来更加易懂，还能按图操作。同时，本书还提供教案等立体化配套资源。

本书由许少伟、张万东主编，孙菁菁任副主编，朱宏渝、贾新秋、陈程参与编写。

编者以审慎的态度对待编写工作的每个细节，但书中仍可能有不足之处，我们将虚心接受专家和读者的批评、指正。

编者

2023 年 5 月

目录
MULU

项目一
初识短视频

目前，互联网用户的注意力跨度不断缩短，与短视频"短、精、小"的呈现方式不谋而合，短视频以其多维度的内容展示刺激了用户的感官，兼容了文字媒介、声音媒介及图片媒介的特点，准入门槛低、试错成本低，所以其发展迅猛。大数据和算法分发技术也让不同类型的短视频能够精准直达目标受众，增强了用户黏性。短视频的兴起不仅因其提供的内容，更重要的是它传递的符号、情感价值，迎合了受众简单、快乐的文化追求，拓宽了信息传播渠道。

知识目标

⭐ 了解短视频的发展历程。
⭐ 了解短视频的发展现状和趋势。
⭐ 了解短视频的特点。
⭐ 了解短视频的类型。

技能目标

⭐ 能熟悉短视频的制作流程。

素养目标

⭐ 培养创新意识。
⭐ 培养主动学习新技术、新知识、新技能的意识。

活动一　探寻短视频的发展历程

国内短视频行业的发展主要经历了萌芽期、成长期、爆发期和成熟期四个阶段。自4G 网络开始普及后，便诞生了抖音、快手等数亿用户量级的平台，它们在互联网时代产生了强大的影响力。

一、萌芽期（2011 年以前）

在移动互联网发展早期，智能手机尚未全面普及，用户观看及分享微视频的行为只是初步形成。短视频产品虽有雏形，但多是以网络短片或者微电影的形式存在。

二、成长期（2011—2016 年）

伴随着移动流量资费的降低，移动端开始陆续出现短视频产品，新生的短视频内容生产及聚合平台开始遍地开花。伴随着无线网络的成熟，人们通过手机拍摄并分享短视频成为了一种流行文化。

三、爆发期（2017—2020 年）

移动流量资费大幅下降和内容分发效率的提高促使短视频用户呈指数级快速上升，短视频正式步入发展快车道。内容价值成为支撑短视频行业持续发展的主要动力。

四、成熟期（2020 年至今）

短视频行业正逐步告别流量红利期，争夺用户使用时长及加强内容变现能力成为平台发力的重点。短视频行业进入内容精品化、商业成熟化、竞争格局相对稳定的成熟期。

活动二　了解短视频的发展现状和发展趋势

一、短视频的发展现状

1. 中国短视频用户规模逐年扩大

根据 CNNIC 发布的数据显示，2018—2022 年，我国短视频用户规模持续增长。2022 年上半年，短视频的用户数较 2021 年 12 月增长 2 805 万，达到 9.62 亿人，增长率达 3.0%，带动网络视频的使用率增长至 94.6%。随着用户规模进一步增长，短视频与新闻、电商等产业的融合加速，信息发布、内容变现能力逐渐增强，市场规模进一步扩大。

2. 中国短视频用户使用时长占比高

2022 年上半年，短视频用户使用总时长占中国移动互联网用户使用总时长的近三成（28.0%），各行业应用也在加强短视频内容板块的构建，直播模式成为各行业基于内容场景进行服务打通的主要方式。

3. 中国短视频行业收入来源多元化

目前，我国短视频行业的收入主要来源于广告收入、电商佣金、直播分成和游戏等。广告收入分为来自信息流广告的收入、来自开屏广告的收入和来自自助化商业开放平台的收入。电商佣金则分为自有电商收入和第三方平台佣金分成，一般抖音抽成 2%~10%，快手抽成 5%。直播分成比例一般在 30%~50%。

2017—2022 年，我国短视频平台营销收入成倍增长，2022 年市场规模达到 2 928.3 亿元。短视频平台成为各大广告主的投放重点，以抖音、快手为代表的头部短视频平台通过构建 KOL（关键意见领袖）广告交易平台等形式完善广告营销矩阵，持续拉升整体用户量和用户黏性，广告营销变现能力显著提升。

4. 中国短视频行业蓬勃发展

在用户规模和使用时长不断增长的同时，我国各短视频平台也在积极探索更多元化和更深层次的商业变现模式，短视频行业蓬勃发展，市场规模超高速增长。

根据 2022 年的数据显示，在用户的流量价值方面，抖音和快手分别以 546.0 亿元和 251.5 亿元位列短视频行业第一梯队，其中抖音日活跃用户高达 6 亿人，用户日均使用时长超过 140 分钟，短视频业务竞争力处于行业领先地位。此外，微信视频号日均活跃用户数超 4 亿，与抖音、快手形成了竞争。

5. 行业潜在进入者威胁较小

目前，我国短视频市场的竞争者较多，且各派系之间竞争加强，现有企业间的竞争较为激烈。短视频平台由于其属性 存在一定的跨界平台替代威胁，如传统视频平台、社交类平台等；短视频行业的上游主要为内容的生产者，短视频平台依赖上游内容生产方的同时，内容生产方也需要短视频平台对其生产的内容进行推广及宣传，短视频平台上游供应商的议价能力适中；短视频平台的下游包括内容分发平台和用户，因短视频平台众多，用户的选择很多，因此有较强的议价能力；此外，由于短视频行业的壁垒较高，需要利用核心技术对内容精准分发和建立起消费端的高用户黏性，因此潜在进入者威胁较小。

二、短视频的发展趋势

短视频目前已经成为全球最火热的互联网内容形式之一，未来的发展趋势可能包括以下几个方面。

1. 多元化内容

短视频行业将继续推出更加多元化的内容形式，包括音乐、综艺、电影等各种类型，以满足不同用户的需求。

2.AI 技术的运用

随着人工智能技术的不断发展，短视频行业将借助 AI 技术，提高视频内容的质量和用户的观看体验。

3. 社交化的扩展

社交化是短视频行业的一大特点，未来可能会进一步扩展社交化的功能，包括社交互动、社交购物等。

4. 产业链升级

未来短视频行业的产业链可能会进一步升级，包括硬件设备的升级、内容创作的专业化、平台的差异化竞争等。

5. 地域化和本土化

在全球化的背景下，短视频行业可能会更加注重地域化和本土化，推出更符合当地用户需求的内容，以提高用户黏性和市场份额。

活动三　了解短视频的特点

短视频是指以新媒体为传播渠道，时长控制在 5 分钟之内的视频内容，是继文字、图片、传统视频之后新兴的又一种内容传播媒体。它融合了文字、语音和视频，可以更加直观、立体地满足用户的表达、沟通需求，满足人们之间展示与分享的诉求。相较于传统视频，短视频主要有以下四个特点。

一、生产流程简单化，制作门槛更低

传统视频的生产与传播成本较高，不利于信息的传播。短视频则大大降低了生产与传播的门槛，即拍即传，随时分享。短视频实现了制作方式上的简单化，一部手机就可以完成拍摄、制作、上传和分享。目前，在主流的短视频制作软件中，都可以通过添加现成的滤镜、特效等功能使制作过程更加简单，软件的使用门槛大幅降低。

二、符合快餐化的生活需求

短视频的时长一般在 5 分钟之内，内容简单明了。如今，快节奏的生活使得用户在单个娱乐内容上所投入的时间越来越短，短视频更符合碎片化的浏览趋势，充分利用用户的零碎时间，让用户更直观、便捷地获取信息，主动抓取更有吸引力的内容，加快信息的传播速度。

三、内容更具个性化和创意

相比文字，视频内容能传达更多、更直观的信息，表现形式也更加丰富，这符合了当前年轻人追求个性化、多元化的需求。短视频制作软件自带的滤镜、美颜等特效可以使用户自由表达个人想法和创意，视频内容更加丰富多样。

四、社交属性强

短视频不是视频软件的缩小版，而是社交的延续，是一种信息传递的方式。用户通过拍摄生活片段，分享至社交平台，获取其他用户的点赞、评论、转发等。短视频信息的传播力强、范围广、交互性强，为用户的创作欲提供了一个便捷的实现方式。

任务二　熟悉短视频的类型和制作流程

活动一　了解短视频的类型

一、搞笑类

搞笑类视频是最受欢迎的类型之一，也是最容易出爆款的一类视频，受众也比较广泛。

搞笑类视频的难点在于创意，如果能够很好地将吐槽点和搞笑点相结合，其内容就能够引起大多数观众的兴趣。

二、美食类

美食类视频也是比较受欢迎的类型之一，中国自古以来就有"民以食为天"的文化，大部分人都无法抵挡美食的诱惑。

三、美貌类

长得帅气的男生和靓丽女生的视频，也能收获不少的粉丝。

四、励志类

正能量永远会受到大家的欢迎，传递正能量或感人事迹的视频，总会受到大家的青睐。正能量的内容很容易引起共鸣、点赞、评论。

五、美容美妆类

爱美之心人皆有之，美妆教学视频一直都受到很多女生的欢迎，她们也愿意将其转发给更多的人。

六、旅游类

旅游类视频也会有一大批忠实的粉丝，因为不是每个人都能走遍世界，但是人们都会希望通过视频来了解世界上的美景。

七、萌宠类

萌宠类视频也是目前非常受欢迎的类型之一。小动物活泼可爱的神态和动作，有谁会不喜欢呢？

八、才艺类

展示自己的特长或某一方面的才华（如歌唱、舞蹈、绘画、手工、演奏乐器等）的视频，也会受到一些用户的喜欢。

九、知识类

传授大家各种知识（如做菜、各种生活技能等）的视频，会有特定需求的用户喜欢。

活动二　了解短视频的制作流程

一、确定主题

制作短视频，最重要的是先确定一个主题。当主题确定后，就有了明确的目标，后续的工作才能更好地开展。

有很多人刚开始制作短视频时，就是随手拍随手发，没有明确的主题。这种内容是没有观赏性的，人们不会浪费时间观看，平台也不会推荐。

二、编辑脚本

脚本包括景别、内容、台词、时长、运镜、道具等方面的内容。

1. 景别

景别包括远景、全景、中景、近景、特写。

远景就是把整个人和环境都拍摄在画面中，常用来展示事件发生的时间、环境、规模和气氛。

全景比远景更近一点，把人物的整个身体展示在画面中，用来表现人物的动作，或人物之间的关系。

中景就是拍摄人物膝盖至头顶的部分，不仅能够让观众看清人物的表情，而且有利于显示人物的形体动作。

近景就是拍摄人物胸部以上至头部的部分，非常有利于表现人物的面部表情、神态。

特写就是对人物的眼睛、鼻子、嘴、手指、脚趾等细节进行拍摄，适合用来表现需要突出的内容。

2. 内容

内容就是将想要表达的东西通过各种场景进行呈现。

3. 台词

台词是为镜头表达准备的，起到的是画龙点睛的作用。通常，一个 60 秒的短视频，台词不宜超过 180 字。

4. 时长

时长指的是单个镜头的时长，提前标注清楚，方便用户在剪辑的时候找到重点，提高剪辑的工作效率。

5. 运镜

运镜指的是镜头的运动方式。常见的运镜方式包括前推后拉、环绕运镜、低角度运镜等。

（1）前推后拉

前推后拉指的是将镜头匀速移近或者远离被摄体，向前推近镜头是通过从远到近的运镜，使景别逐渐从远景、中景变为近景，甚至是特写，这种运镜方法容易突出主体，能够让观者的视线逐步集中。

（2）环绕运镜

拍摄环绕镜头需要保持相机位置不变，通过以被摄体为中心，手持稳定器进行旋转移动，环绕运镜有犹如巡视一般的视角，能够突出主体、渲染情绪，让整个画面更有张力。

（3）低角度运镜

低角度运镜是通过模拟宠物视角，使镜头以低角度甚至是贴近地面的角度向上进行拍摄，越贴近地面，所呈现的空间感越强烈。

其实运镜方法还有许多，当用户能够熟练使用稳定器的时候，就可以在基础的运镜动作上加上其他元素，使镜头看起来更加酷炫，更具动感。

6. 道具

道具的种类非常多，需要注意的是，道具起到的是画龙点睛的作用，不是画蛇添足，不能让道具抢了主体的风采。

三、视频拍摄

拍摄视频时，最简单的工具就是手机和三脚架，追求视频效果可以使用单反相机。用手机拍摄要选择高清模式（一般是 1080 P），手持会出现抖动现象，需要用三脚架稳定镜头，观看体验会更好。

四、视频剪辑

视频拍摄完成后就需要剪辑，剪辑最常见的工作就是把没用的部分裁剪掉，把不同的片段拼接成一个完整的视频。这时，可以选择一些简单易上手的工具，帮助用户完成相应的工作。

五、添加字幕

添加字幕同样可以借助电脑端和手机端的各类工具来完成。

【项目小结】

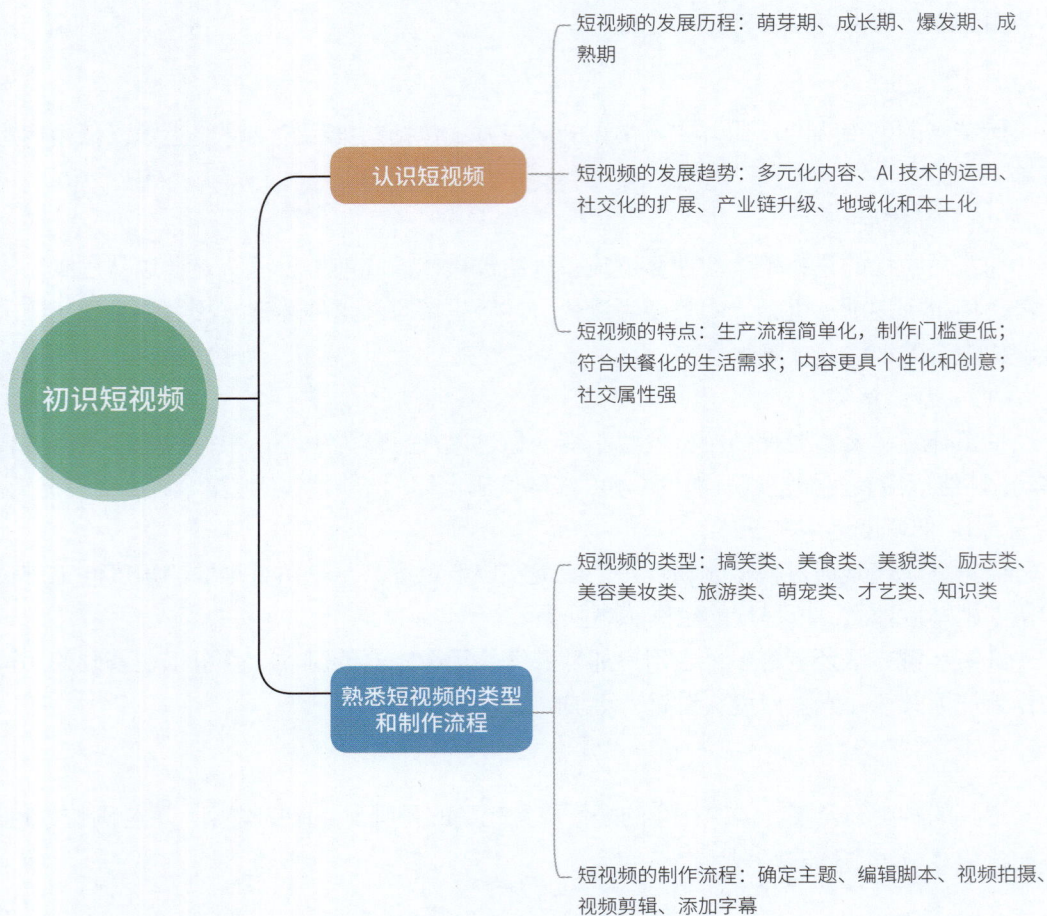

初识短视频

认识短视频
- 短视频的发展历程：萌芽期、成长期、爆发期、成熟期
- 短视频的发展趋势：多元化内容、AI技术的运用、社交化的扩展、产业链升级、地域化和本土化
- 短视频的特点：生产流程简单化，制作门槛更低；符合快餐化的生活需求；内容更具个性化和创意；社交属性强

熟悉短视频的类型和制作流程
- 短视频的类型：搞笑类、美食类、美貌类、励志类、美容美妆类、旅游类、萌宠类、才艺类、知识类
- 短视频的制作流程：确定主题、编辑脚本、视频拍摄、视频剪辑、添加字幕

项目二
制作美食短视频

自古以来，中国就有"民以食为天"的说法。如今，人们在基本生活得到满足的前提下，对享受生活越发追求，享用美食也是生活的重要部分。中国菜系众多，讲究色香味俱全，不是所有人都能吃个遍。美食短视频的出现，正好满足了大家的好奇心，以及食欲上的安慰。

知识目标

⭐ 了解美食短视频的基本拍摄方法。
⭐ 了解美食短视频的制作步骤。

技能目标

⭐ 能策划一期美食短视频。
⭐ 能使用智能手机拍摄较高质量的美食短视频。

素养目标

⭐ 培养热爱劳动的好习惯。
⭐ 培养精益求精的学习态度。

活动一　策划美食短视频的选题

一、明确拍摄主题

在拍摄短视频前需要明确主题。拍摄的画面和故事情节要围绕这个主题展开，才能让这个短视频的内容更加紧凑，后期剪辑工作也会更加高效和具有针对性。

制作美食短视频的其中一个目的是教粉丝（用户）如何做饭（美食），用户通过观看教学类美食短视频从而学会一道菜的制作方法。本次拍摄的主题就确定为传授用户一道菜的做法，此类美食短视频在步骤讲解时要清晰明确，便于用户参考操作。

二、确定拍摄内容

川菜是中国八大菜系之一，回锅肉是川菜中的一道深受大众欢迎的家常菜，其制作方法较简单，适合普通人学习。本次拍摄的内容确定为回锅肉的制作，同时需要搭建拍摄环境，准备人员和道具等。

活动二　撰写美食短视频分镜头脚本

脚本是拍摄前最重要的准备，合理的框架和流程，会让操作更从容，也让拍摄过程避免了不必要的忙乱。美食短视频分镜头脚本见表2-1。

表 2-1　美食短视频分镜头脚本

分镜	景别	镜头	画面	时长 / 秒
1	近景	移镜头	拍摄盘中的整块肉	9
2	特写	摇镜头	拍摄猪肉的细节	8
3	全景	固定镜头	拍摄切肉的动作	9
4	近景	摇镜头	拍摄右侧切肉的动作	5
5	近景	升镜头	拍摄切好的一块肉	7
6	中景	固定镜头	拍摄把肉放进盘子里	4
7	近景	固定镜头	拍摄切蒜苗的手法	9
8	近景	移镜头	拍摄切完的蒜苗	4
9	中景	固定镜头	拍摄煸炒回锅肉的场景	5
10	近景	固定镜头	拍摄回锅肉出锅放进盘子里	15
11	中景	升镜头	拍摄夹起一块肉的过程	5
12	特写	移镜头	拍摄回锅肉成品	9
13	近景	移镜头	俯拍盘子中的回锅肉	9
14	特写	移镜头	拍摄肉的细节	5
15	中景	移镜头	正面拍摄盘子中的回锅肉	10

活动一　准备人、景、物

一、人员配置

安排一名厨师，另一个人担任摄影师。

二、环境布置

此次拍摄无须对场地进行特别布置，只需要保证厨房干净整洁即可。

三、器材准备

准备一个手持稳定器、一部智能手机、一台微单相机，还可以准备一个外置收音设备和平板电脑。

友情提示

- 使用相机拍摄，可以采用大光圈模式，虚化背景，突出主体，让画面干净简洁。
- 画面稳定是拍好视频作品的最基本要求，所以要尽量使用三脚架、稳定器等设备。
- 巧妙地配合景别和焦距，拍摄食材的局部特写更有利于突出食材的表面纹理特征。
- 可以布置合适的灯光，使食物的色泽更加诱人。

活动二　拍摄分镜画面

1. 分镜 1

拍摄的时候使用了移镜头拍摄，水平移动镜头拍摄了盘中整块肉的近景，如图 2-1 和图 2-2 所示。

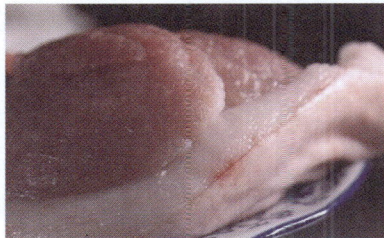

图 2-1　　　　　　　　　　　图 2-2

2. 分镜 2

拍摄的时候使用了摇镜头，拍摄了猪肉的特写，展现其纹理细节，如图 2-3 和图 2-4 所示。

图 2-3

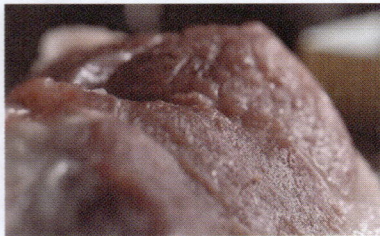

图 2-4

3. 分镜 3

在拍摄如图 2-5 和图 2-6 所示的两个画面时，使用了固定镜头进行全景到近景的变换，从而让整个画面显得非常流畅。第一个画面是全景拍摄切猪肉的动作，第二个画面是在第一个画面的基础上拉近了镜头，让观众更清晰地看到切肉的细节。

图 2-5

图 2-6

4. 分镜 4

在拍摄这个画面的时候要使用摇镜头，在拍摄设备位置固定的情况下，根据切肉的运动方向匀速转动镜头进行拍摄，如图 2-7 和图 2-8 所示。

图 2-7

图 2-8

5. 分镜 5

在拍摄这个画面的时候要使用升镜头，通过特写展示切好的一块肉的细节，如图 2-9 至图 2-11 所示。升降镜头可以实现从一个事物主体到另一个事物主体的切换，此种特性不仅让画面更有层次感，也更能体现出别有特色的韵味。

图 2-9 图 2-10 图 2-11

6. 分镜 6

在拍摄这个画面的时候要使用固定镜头，使用中景拍摄把切好的肉放进盘子里的过程，如图 2-12 所示。

图 2-12

7. 分镜 7

在拍摄这个画面的时候要使用固定镜头，表现人物的动作和食材的细节，如图 2-13 所示。针对做菜过程中刀切食材的动作，镜头一定要在刀口的前方，这样才能看清刀切食材的细节。

图 2-13

8. 分镜 8

在拍摄这个画面的时候要使用移镜头，近景拍摄切好的蒜苗，通过移动镜头拓展了画面的空间，创造出独特的视觉艺术效果，如图 2-14 所示。

图 2-14

9. 分镜 9

在拍摄这个画面的时候要使用固定镜头，镜头放在人物的侧面，既不干扰人物的操作，又能让观众看清锅内煸炒回锅肉的过程，如图 2-15 至图 2-17 所示。

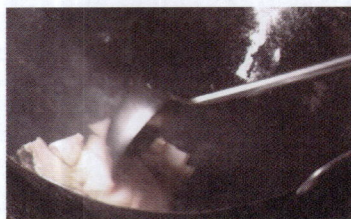  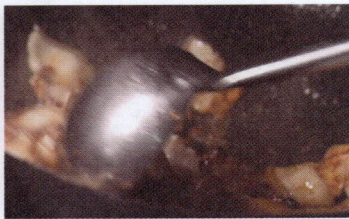

图 2-15　　　　　　　　　图 2-16　　　　　　　　　图 2-17

10. 分镜 10

在拍摄这个画面的时候还是使用了固定镜头，以向下 45°的角度进行拍摄，可以避开菜品的水汽，使回锅肉的光泽能很好地展示出来，让人充满食欲，如图 2-18 所示。

图 2-18

11. 分镜 11

在拍摄这个画面的时候使用了升镜头，镜头跟随筷子夹起一块回锅肉的动作缓慢向上移动，把食材的质感呈现出来，如图 2-19 和图 2-20 所示。

图 2-19

图 2-20

12. 分镜 12

在拍摄这个画面的时候使用了移镜头，通过特写并缓慢移动镜头拍摄了整盘回锅肉成品，如图 2-21 和图 2-22 所示。

图 2-21

图 2-22

13. 分镜 13

在拍摄这个画面的时候使用了移镜头，以俯拍的角度缓慢移动镜头拍摄整盘回锅肉，展现回锅肉中的各种食材，如图 2-23 和图 2-24 所示。

图 2-23

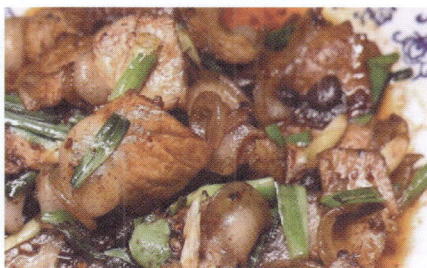

图 2-24

14. 分镜 14

在拍摄这个画面的时候使用了移镜头，通过特写对肉的特点进行了展示，如图 2-25 所示。

图 2-25

15. 分镜 15

在拍摄这个画面的时候使用了移镜头，从正前方平行拍摄整盘回锅肉，使画面更具层次感，并增加食物的质感，如图 2-26 和图 2-27 所示。这种拍摄角度适合有一定高度和厚度，并且体积感较强的美食。

图 2-26

图 2-27

任务三　美食短视频后期制作

活动一　新建项目

一、导入素材

①启动 Premiere Pro CC 2020 软件，弹出"开始"欢迎界面。

②单击"新建项目"按钮，弹出"新建项目"对话框，在"位置"选项中选择文件保存的路径，在"名称"文本框中输入文件名"回锅肉"，如图 2-28 所示。

③单击"确定"按钮，进入软件工作界面。选择"文件"→"新建"→"序列"命令，弹出"新建序列"对话框，如图 2-29 所示，单击"确定"按钮，完成序列的创建。

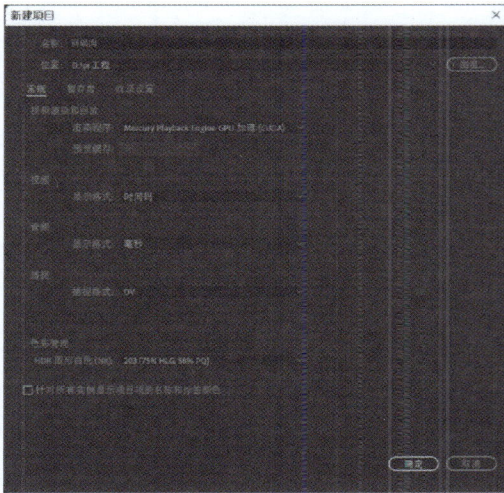
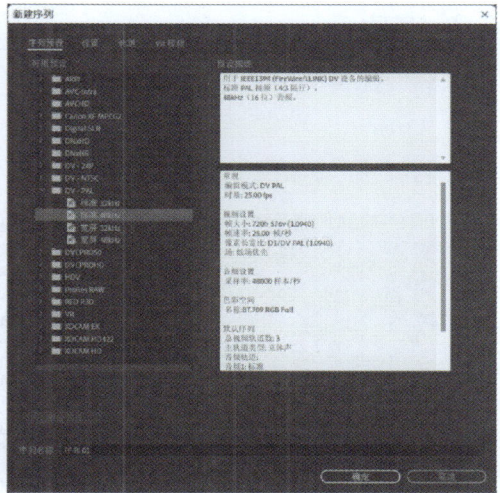

图 2-28   图 2-29

④选择拍摄好的回锅肉视频素材，如图2-30所示，将视频文件拖拽到"项目"面板中，如图 2-31 所示。

图 2-30

图 2-31

二、镜头组接

①将"项目"面板中的所有素材文件拖拽到"时间线"面板中的"视频1"轨道中，如图2-32所示。

②将弹出"剪辑不匹配警告"提示框，单击"更改序列设置"按钮，如图2-33所示。

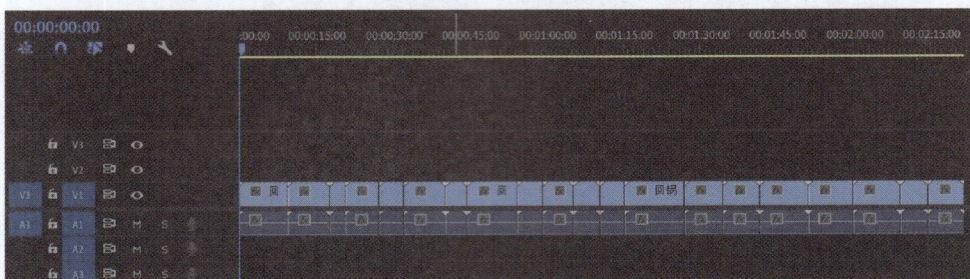

图 2-32

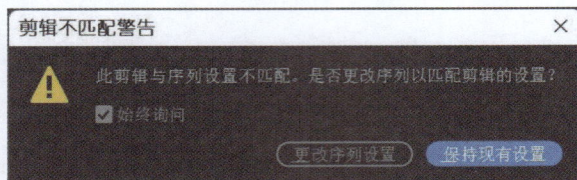

图 2-33

活动二   调整素材

一、取消音视频链接

①选择"视频1"轨道中的所有素材，选择"剪辑"→"取消链接"命令，取消视频、音频链接，如图2-34所示。

②选择音频，按 Delete 键，删除音频，如图2-35所示。

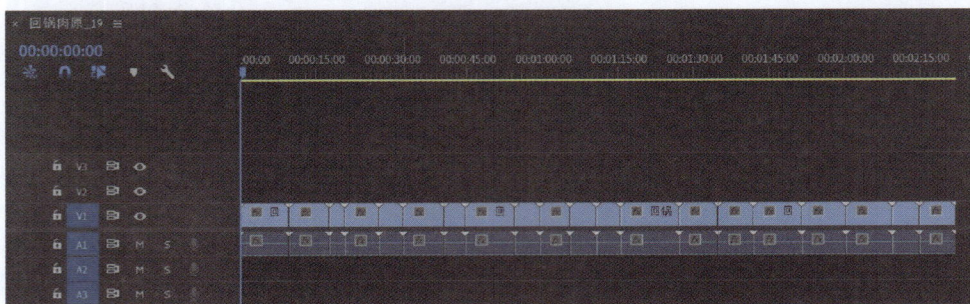

图 2-34

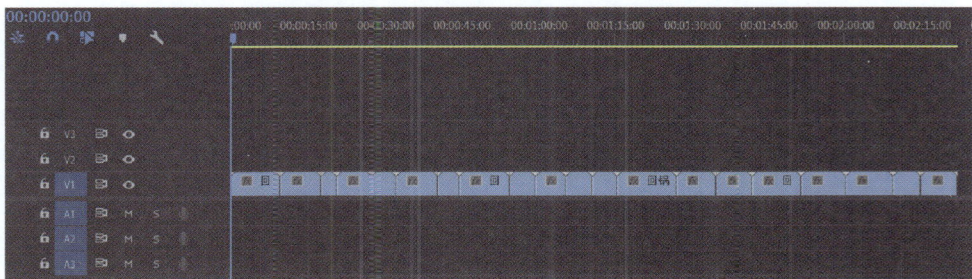

图 2-35

二、裁剪视频素材

①将时间标签放置在 00：00：08：14 位置，将鼠标指针移到"回锅肉原"文件的结束位置，当鼠标指针呈 ◄ 形状时按住鼠标左键向前拖拽到 00：00：08：14 位置，如图 2-36 所示。单击"回锅肉原"文件后面的空白处，按 Delete 键删除，如图 2-37 所示。

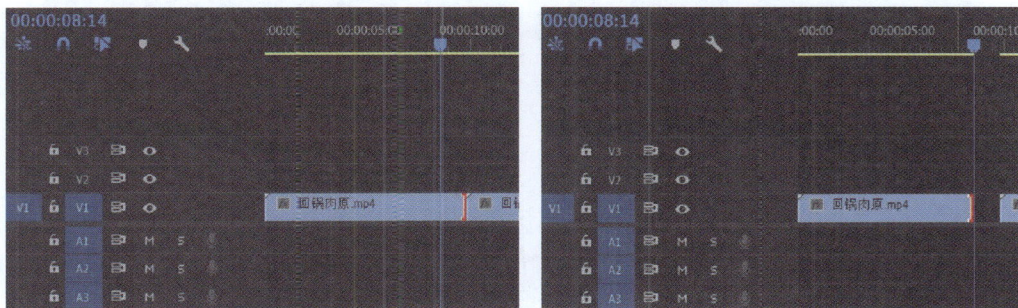

图 2-36

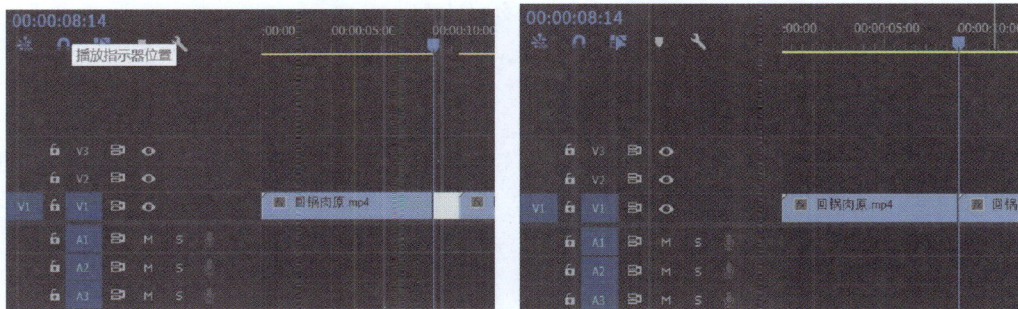

图 2-37

②将时间标签放置在 00：00：15：02 位置，将鼠标指针移到"回锅肉原 _1"文件的结束位置，当鼠标指针呈 ◄ 形状时按住鼠标左键向前拖拽到 00：00：15：02 位置，如图 2-38 所示。鼠标单击"回锅肉原 _1"文件后面的空白处，按 Delete 键删除，如图 2-39 所示。

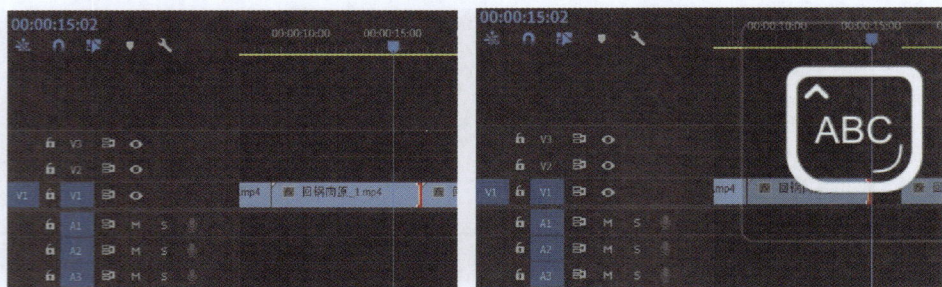

图 2-38

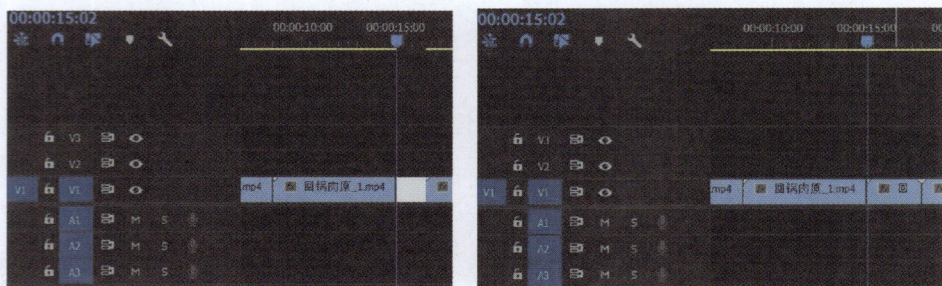

图 2-39

③使用相同的方法，将"回锅肉原_4"文件在时间 00：00：28：17 之后的内容删除，将"回锅肉原_5"文件在时间 00：00：35：14 之后的内容删除，将"回锅肉原_6"文件在时间 00：00：38：18 之后的内容删除，将"回锅肉原_11"文件在时间 00：01：08：11 之后的内容删除，将"回锅肉原_16"文件在时间 00：01：51：15 之后的内容删除。

活动三　编辑素材

一、添加视频过渡

①在"效果"面板中展开"视频过渡"特效分类选项，单击"溶解"文件夹左侧的三角形按钮将其展开，选中"交叉溶解"特效，如图 2-40 所示。将"交叉溶解"特效拖拽到"时间线"面板中的"回锅肉原_1"文件开始的位置，如图 2-41 所示。

图 2-40

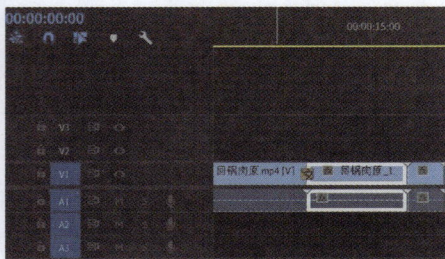

图 2-41

②将"交叉溶解"特效拖拽到"时间线"面板中的"回锅肉原_5""回锅肉原_7""回锅肉原_15"文件开始的位置，如图2-42至图2-44所示。

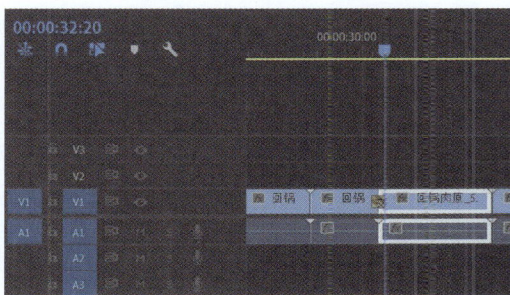

图2-42

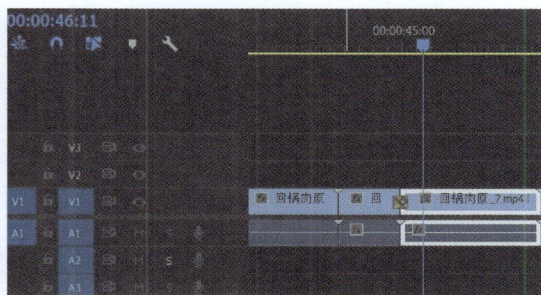

图2-43

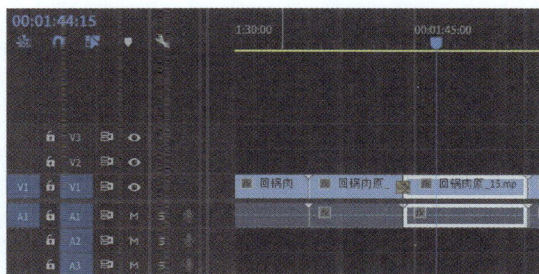

图2-44

二、剪辑音频素材

①选择素材文件中的"配音"文件，如图2-45所示，将"配音"文件拖拽到"项目"面板中，如图2-46所示。

图2-45

图2-46

②将"项目"面板中的"配音"文件拖拽到"时间线"面板中的"音频 1"轨道中，如图 2-47 所示。

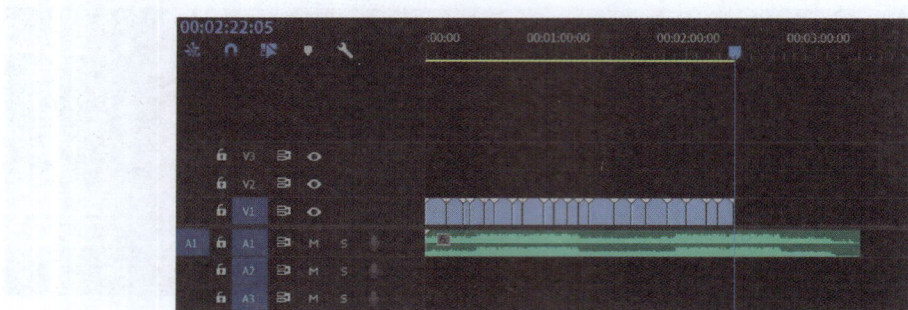

图 2-47

③将鼠标指针放在"配音"文件的结束位置，当鼠标指针呈 ◄ 形状时单击，如图 2-48 所示。选取编辑点，按 E 键，将所选编辑点扩展到播放指示器的位置，如图 2-49 所示。

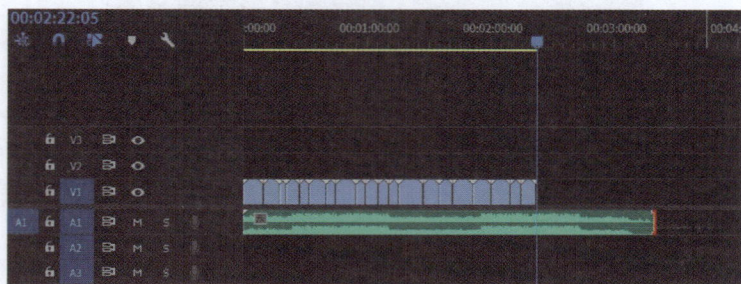

图 2-48

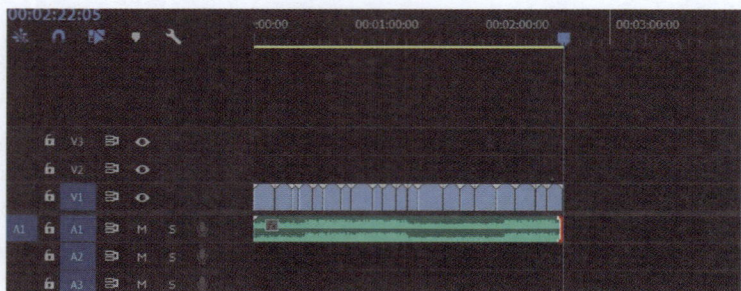

图 2-49

三、添加音频过渡

在"效果"面板中展开"音频过渡"特效分类选项，单击"交叉淡化"文件夹左侧的三角形按钮将其展开，选中"指数淡化"特效，如图 2-50 所示。将"指数淡化"特效拖拽到"时间线"面板的"配音"文件末尾，如图 2-51 所示。

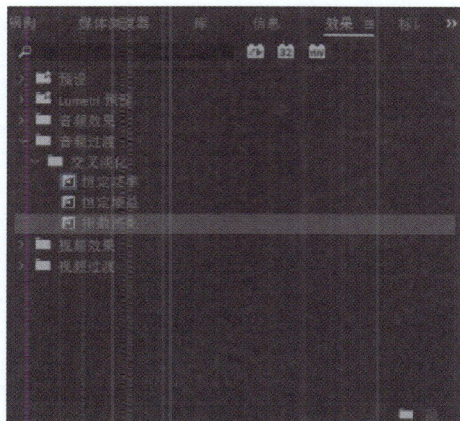

图 2-50

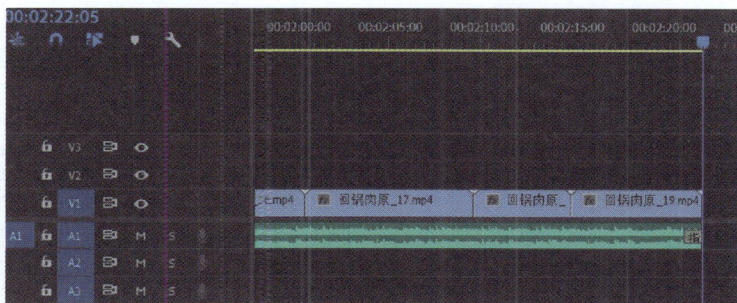

图 2-51

四、添加字幕

①选择"文件"→"新建"→"旧版标题"命令，如图 2-52 所示。

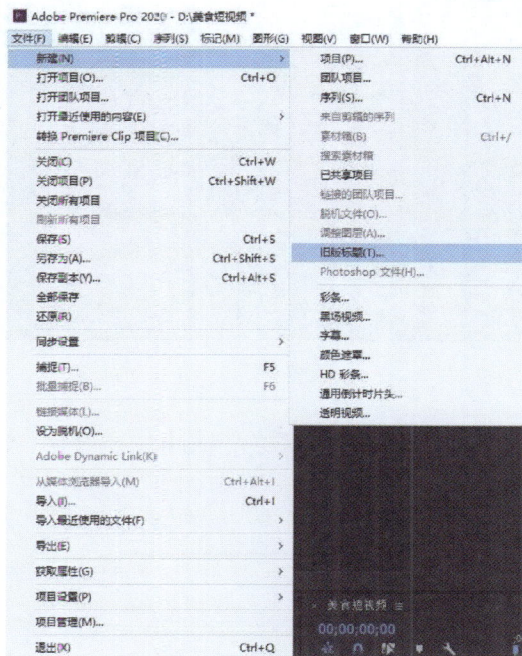

图 2-52

②将弹出"新建字幕"对话框，选择与视频一样的尺寸，参数设置如图 2-53 所示，单击"确定"按钮。

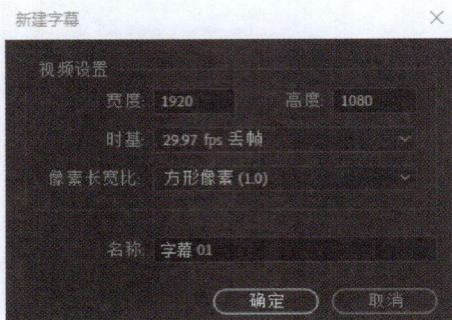

图 2-53

③在字幕设置界面，将光标移动到视频画面底部，单击后输入文字内容，如图 2-54 所示。注意：字幕需添加到画面安全框之内，确保内容不被遮挡或裁剪。

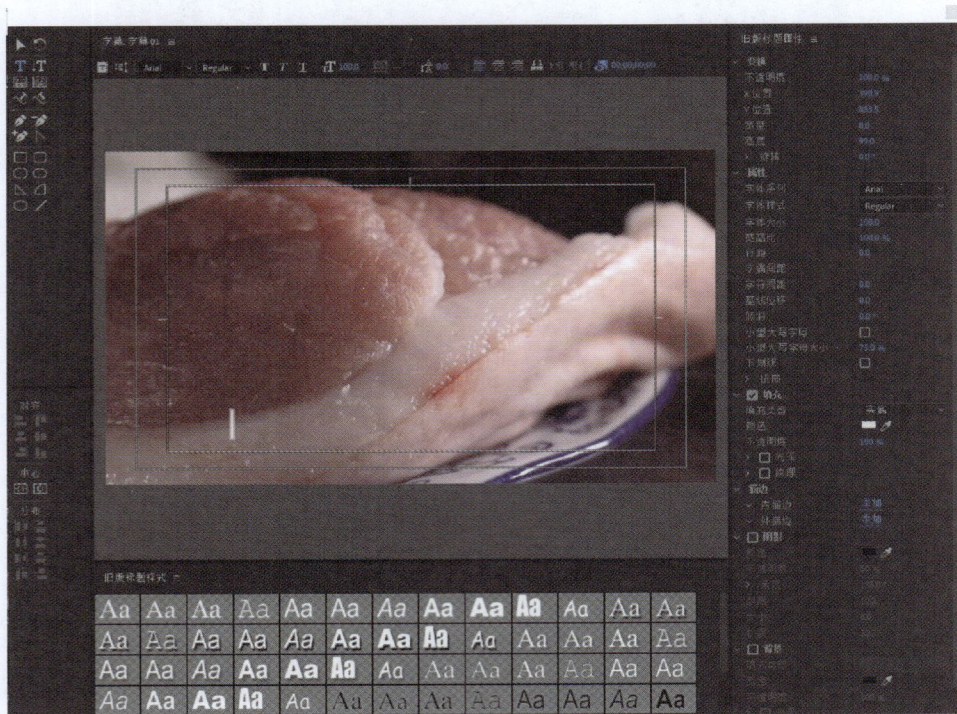

图 2-54

④在字幕工作区可调整文字的字体、颜色、大小、位置等，如图 2-55 所示。

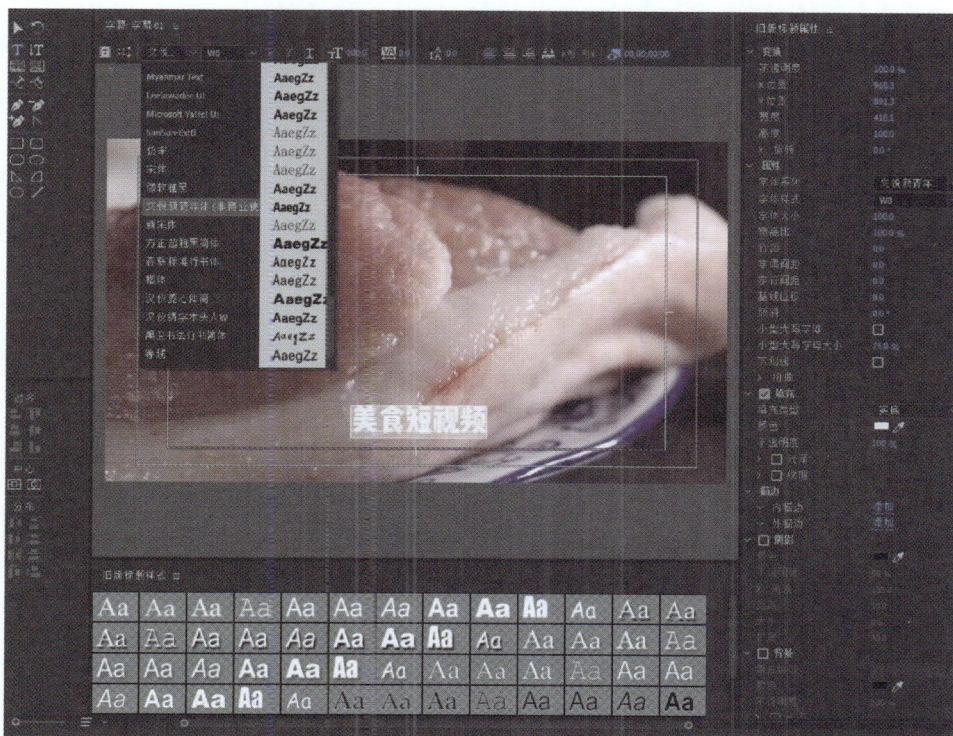

图 2-55

⑤设置完毕后关闭旧版标题，已经输入的字幕就会出现在项目窗口，直接拖入时间轴即可将字幕添加到视频上，如图 2-56 和图 2-57 所示。

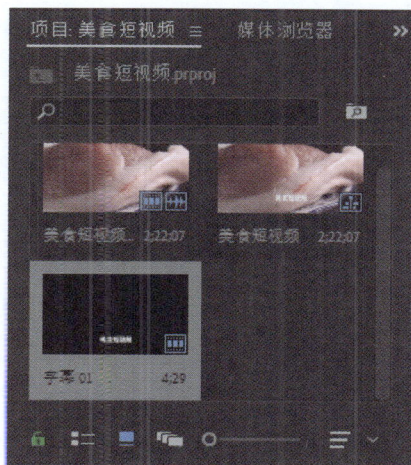

图 2-56

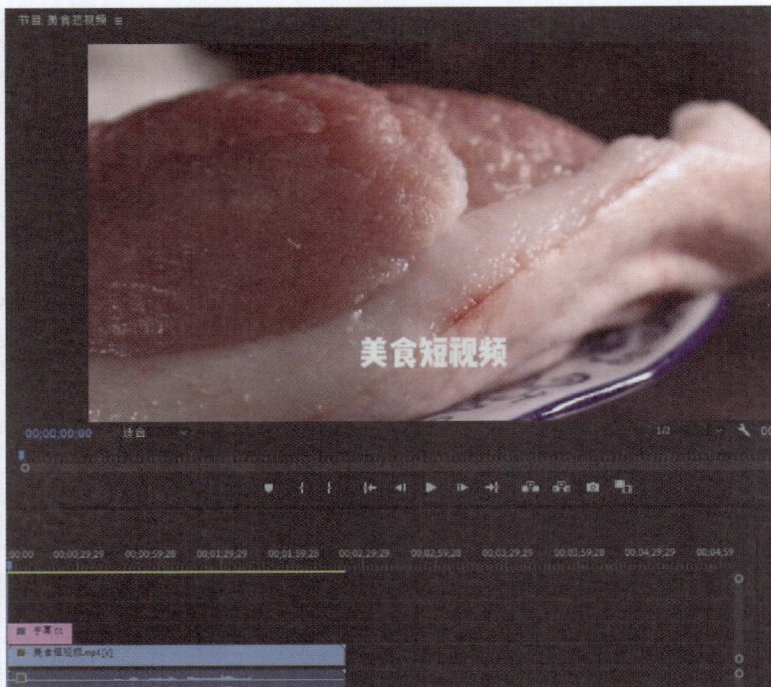

图 2-57

活动四　设置并发布短视频

完成短视频的编辑后，预览检查短视频，确认无误后就可以将短视频发布到短视频平台中，具体操作如下（以快手平台为例）：

①单击界面右上角的"上传视频"按钮，如图 2-58 所示。

图 2-58

②在显示的界面中输入短视频的描述，并进行相应设置，如图 2-59 所示。

③单击"发布"按钮发布视频，等待审核，如图 2-60 所示。

④审核通过后即可观看发布的短视频，如图 2-61 所示。

编辑封面样式
如不上传封面，附使用视频第一帧作为默认封面

编辑封面

视频信息

填写描述

回锅肉是四川传统家常菜的代表之一，属于川菜。其制作原料主要有猪后臀肉（二刀肉）、青椒、蒜苗 等，口味独特，色泽红亮，肥而不腻。回锅肉起源四川农村地区。古代时期称作油爆锅，四川地区大部分家庭都会制作。@快手平台帐号 #满满的胶原蛋白

145/500

@好友   #话题

话题推荐   #草莓大福   #冻干草莓   #落水镁粉块   #我爱吃冰   #爆浆鸡排   #网红圈圈肠   #冰皮蛋糕   #吃冰声控

#就是爱吃冰   收起 ∧

个性化设置   ☑ 允许别人跟我拍同框（时长15分钟以内的作品支持拍同框）   ☐ 不允许下载此作品   ☐ 作品在同城不显示

添加地点   ⦿ 不展示   ○ 当前地点

查看权限   ⦿ 公开（所有人可见）   ○ 好友可见   ○ 私密（仅自己可见）

所属领域   请选择   ∨

发布时间   ⦿ 立即发布   ○ 定时发布

图 2-59

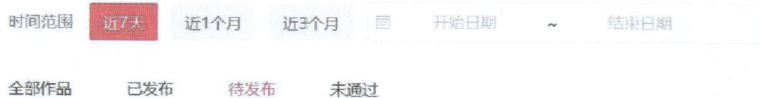

时间范围   近7天   近1个月   近3个月   📅 开始日期   ~   结束日期

全部作品   已发布   待发布   未通过

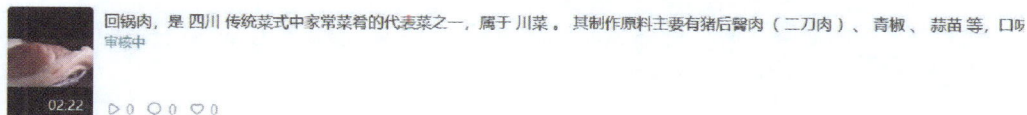

回锅肉，是 四川 传统菜式中家常菜肴的 代表菜之一，属于 川菜。其制作原料主要有猪后臀肉（二刀肉）、青椒、 蒜苗 等，口吻
审核中

02:22   ▷ 0   ◯ 0   ♡ 0

图 2-60

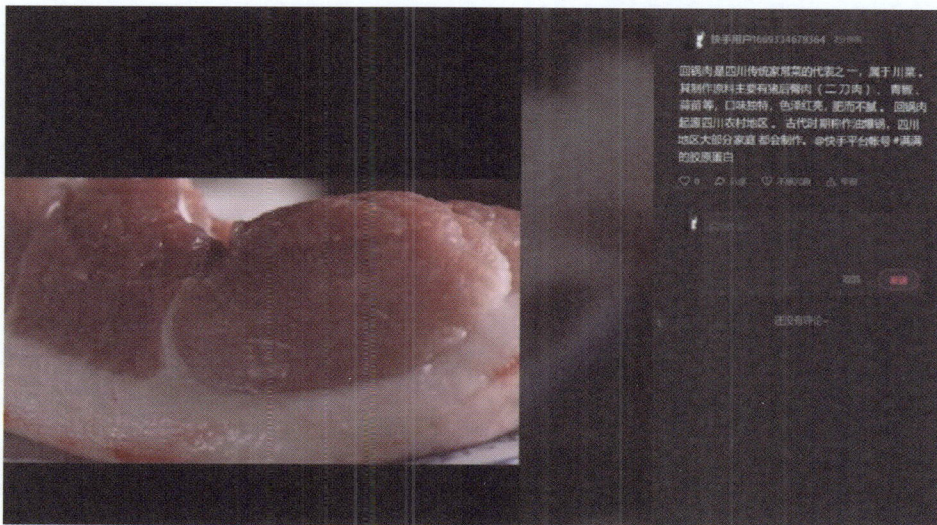

图 2-61

制作"糕点制作"短视频

本次实训要求制作"糕点制作"短视频，通过视频记录的方式，将制作蛋糕的过程制作成短视频，并发布在 VUE Vlog 社区上。同学们可以邀请家人或同学组成短视频拍摄团队，明确分工（摄影、出镜等），最后将拍摄的视频素材通过 VUE Vlog App 剪辑成一个完整的短视频。如图 2-62 所示为"糕点制作"短视频参考效果。

图 2-62

表 2-2 为"糕点制作"短视频分镜头脚本，同学们可以参考此脚本进行拍摄，也可以在此基础上自由发挥，或者完全按自己的想法进行全新创作。

表 2-2 "糕点制作"短视频分镜头脚本

分镜	景别	镜头	画面	时长 / 秒
1	中景	固定镜头	拍摄打鸡蛋的画面	4
2	近景	固定镜头	拍摄鸡蛋打好后的画面	9
3	近景转特写	固定镜头	拍摄把牛奶倒入盆子里的画面，以及特写拍摄倒牛奶的细节	7
4	近景转特写	固定镜头	拍摄把蛋清倒入盆子里的画面，以及特写拍摄搅拌的细节	11
5	近景	固定镜头	拍摄蛋黄和面粉搅拌的过程	9
6	中景转近景	固定镜头	拍摄将搅拌好的食材倒入模具中	5
7	中写	固定镜头	在人物左侧拍摄把准备好的食材放进烤箱	4
8	中景	移镜头	拍摄烘烤好的蛋糕	5
9	近景	固定镜头	拍摄人物切蛋糕的画面	4
10	近景	跟镜头	拍摄切好的蛋糕	3
短视频成片总时长: 1分1秒				

【项目小结】

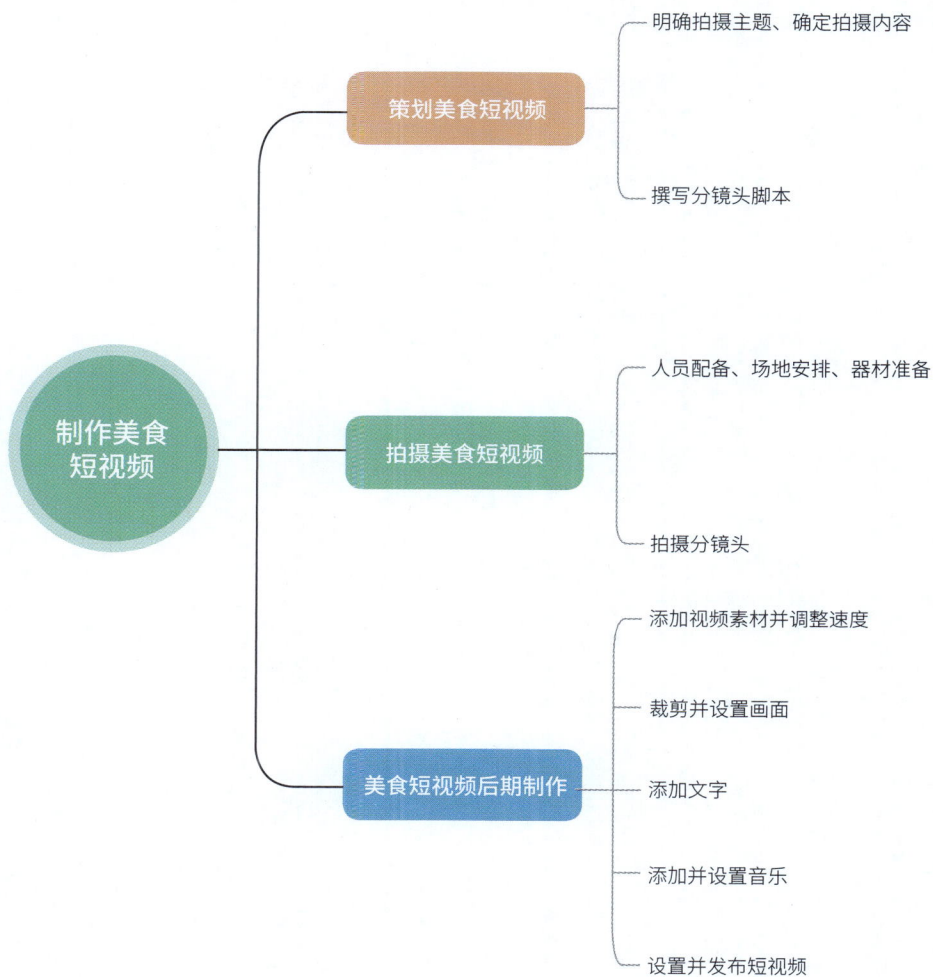

制作美食短视频
- 策划美食短视频
  - 明确拍摄主题、确定拍摄内容
  - 撰写分镜头脚本
- 拍摄美食短视频
  - 人员配备、场地安排、器材准备
  - 拍摄分镜头
- 美食短视频后期制作
  - 添加视频素材并调整速度
  - 裁剪并设置画面
  - 添加文字
  - 添加并设置音乐
  - 设置并发布短视频

项目三
制作旅游短视频

　　如今，生长于互联网环境的年轻人展现出独特的文旅消费观念，他们更注重旅游体验和由此带来的社交话题。他们非常喜欢将自己在各地的旅游过程和感受制作成短视频与其他人分享。旅游短视频已经成为热门的短视频类型之一，人们非常热衷于参考旅游短视频的内容，前往热门的景点或城市旅游。

知识目标

⭐ 了解旅游短视频的基本拍摄方法。

技能目标

⭐ 能拍摄较高质量的旅游短视频。
⭐ 能使用剪辑软件编辑短视频。

素养目标

⭐ 提高对短视频节奏的把控能力。
⭐ 培养对祖国壮美山河的热爱之情。

活动一　策划"西藏旅拍"短视频的选题

一、做好旅游攻略

旅游前，一定要做好旅拍的攻略，提前规划路线，再根据网络上的信息确定各个景点的拍摄角度。

二、明确拍摄主题

此次旅游短视频的主题确定为"西藏旅拍"，让用户通过短视频的内容了解西藏的美丽风光和当地人的生活状态。

三、确定拍摄内容

此次拍摄的主要内容是西藏的景色和人们的民族服饰。

活动二　撰写"西藏旅拍"短视频分镜头脚本

"西藏旅拍"短视频分镜头脚本见表 3-1。

表 3-1　"西藏旅拍"短视频分镜头脚本

分镜	景别	镜头	画面	时长 / 秒
1	特写	固定镜头	拍摄经幡	1
2	远景	固定镜头	拍摄街头往来的人群	5
3	中景	固定镜头	拍摄朝拜的人们	4
4	近景	移镜头	身后跟随拍摄人物	3
5	近景	固定镜头	拍摄老人和转经筒	2
6	近景	固定镜头	拍摄特色建筑	2
7	中景	固定镜头	仰拍柱子	3
8	中景	竖摇镜头	正面拍摄人物行走	2
9	近景	竖摇镜头	侧面拍摄朝拜动作	4
10	中景	横摇镜头	拍摄人物边走边转转经筒	3
11	远景	横摇镜头	拍摄人物边走边看布达拉宫	5

活动一　准备人、景、物

一、人员配置

一个人作为主角，以拍摄者的第一视角进行拍摄。

二、环境布置

此次拍摄无须布置场地，只需要充分利用当地的景色和建筑即可。

三、器材准备

准备一个手持稳定器、一部智能手机、一台微单相机，还可以准备一个外置收音设备和平板电脑。

活动二　拍摄分镜画面

1. 分镜 1

在拍摄的时候使用了固定镜头，通过特写展示了局部的文字，突出效果，如图 3-1 所示。

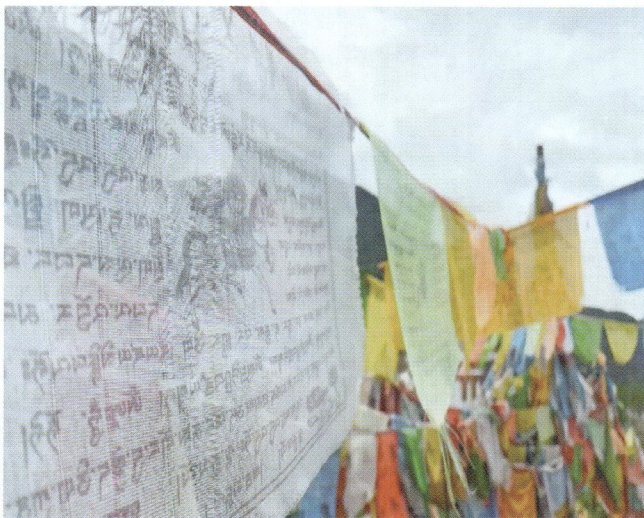

图 3-1

2. 分镜 2

在拍摄相关画面的时候通过两个不同的角度进行拍摄，运用了固定镜头，远景拍摄街头人物的走动和周围的建筑，在这里要使用小光圈才能让人物和背景都清晰，如图 3-2 和图 3-3 所示。

图 3-2

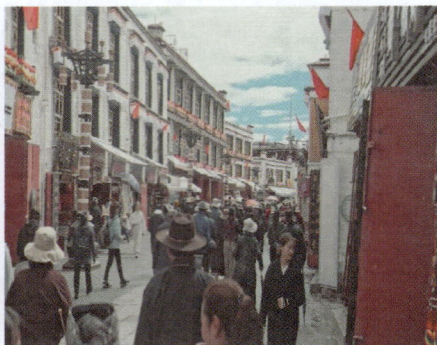

图 3-3

3. 分镜 3

在拍摄这个画面的时候使用了固定镜头，并且运用了前景构图，前景与远处的景物形成明显的形体或色调上的对比关系，以此增强画面的空间距离，强化纵深的透视关系，一下子让这个画面看起来更加丰富，层次分明，如图 3-4 和图 3-5 所示。

图 3-4

图 3-5

4. 分镜 4

在拍摄这个画面的时候使用了移镜头，可以表现出运动条件下的视觉效果，如图 3-6 和图 3-7 所示。移镜头运用在大场面、大纵深、多景物、多层次的复杂场景中，可以营造出气势恢宏的效果。

图 3-6

图 3-7

5. 分镜 5

在拍摄的时候要使用固定镜头，从人物的右手方向拍摄近景，这样就能拍到人物靠近的过程和他的手部动作，之后从人物后面拍摄离开的场景，通过中景的拍摄，使转经筒呈现出层次效果，提升了这个画面的层次感、空间感、立体感，如图3-8和图3-9所示。

图 3-8　　　　　　　　　　　　　图 3-9

6. 分镜 6

在拍摄建筑的时候使用了固定镜头，通过近景的拍摄体现出藏族建筑强烈的颜色对比，呈现出建筑特有的艺术效果，如图3-10所示。

图 3-10

7. 分镜 7

在拍摄时使用固定镜头进行仰拍，使柱子看上去上窄下宽，这样增加了画面的视觉冲击力，如图3-11和图3-12所示。

图 3-11

图 3-12

8. 分镜 8

在拍摄这个画面的时候，镜头首先聚焦到人物脚部，然后使用竖摇镜头从下往上拍摄从脚到上身的整个身体，表现人物行走的体态，如图 3-13 和图 3-14 所示。

图 3-13

图 3-14

9. 分镜 9

在拍摄这个画面的时候使用竖摇镜头，采用中景跟随人物从上往下拍摄人物的整个朝拜动作，如图 3-15 和图 3-16 所示。

图 3-15

图 3-16

10. 分镜 10

这里是拍摄人物和环境的关系，在拍摄这个画面的时候使用横摇镜头，通过中景拍摄人物转转经筒的动作，如图 3-17 所示。

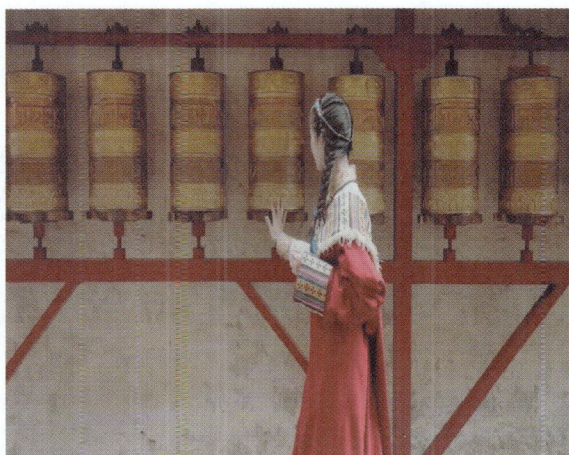

图 3-17

11. 分镜 11

在拍摄这个画面的时候使用三分法构图和横摇镜头，在拍摄时镜头从右向左移动，表现出人物眼中所看到的景物，如图 3-18 和图 3-19 所示。

图 3-18

图 3-19

任务三　旅游短视频后期制作

活动一　新建项目

一、导入素材

①新建一个名为"西藏旅拍视频"的项目，如图 3-20 所示。

②选择"文件"→"新建"→"序列"命令，创建序列，如图 3-21 所示。

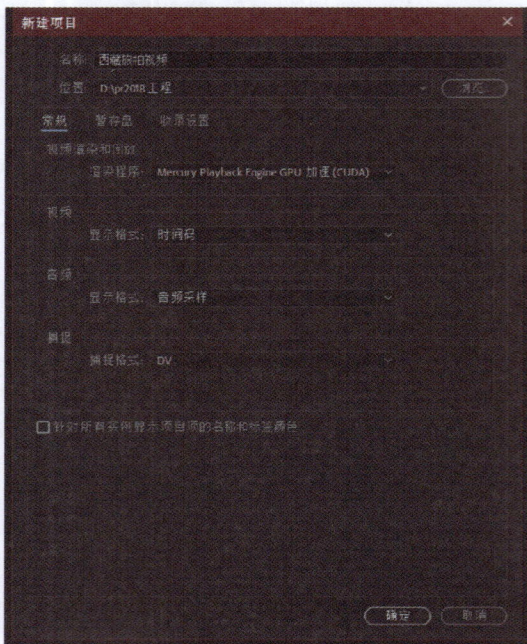

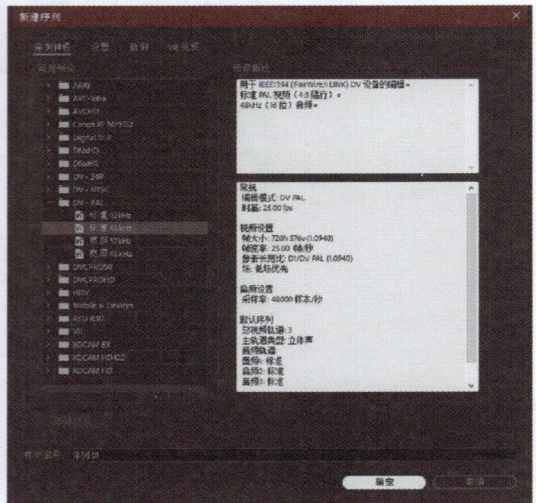

图 3-20   图 3-21

　　③选择计算机文件夹中所有拍摄的视频素材，如图 3-22 所示，将视频文件拖拽到"项目"面板中，如图 3-23 所示。

图 3-22

图 3-23

二、镜头组接

①将"项目"面板中的所有视频文件拖拽到"时间线"面板中的"视频 1"轨道中，如图 3-24 所示。

②将弹出"剪辑不匹配警告"提示框，单击"更改序列设置"按钮，如图 3-25 所示。

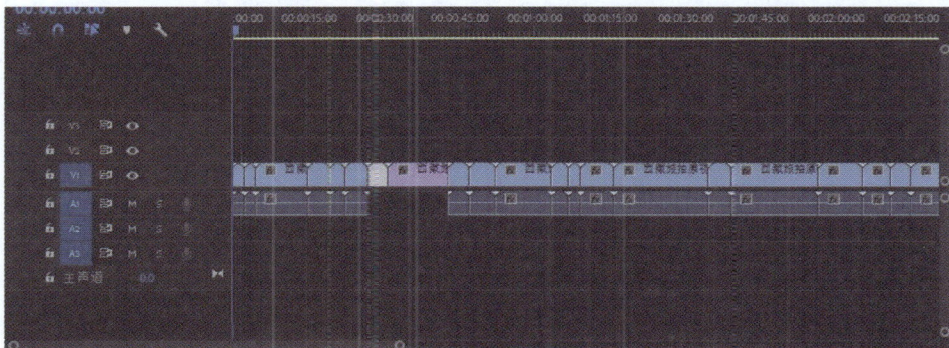

图 3-24

图 3-25

活动二　调整素材

一、取消音视频链接

①选择"视频1"轨道中的所有素材，选择"剪辑"→"取消链接"命令，取消视频、音频链接，如图 3-26 所示。

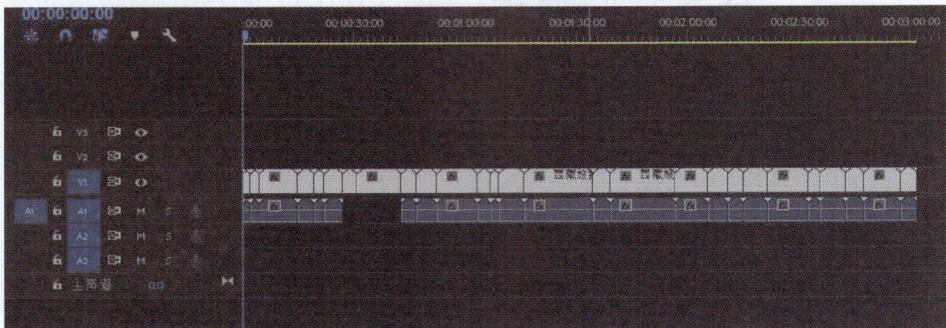

图 3-26

②选择音频，按 Delete 键，删除音频，如图 3-27 所示。

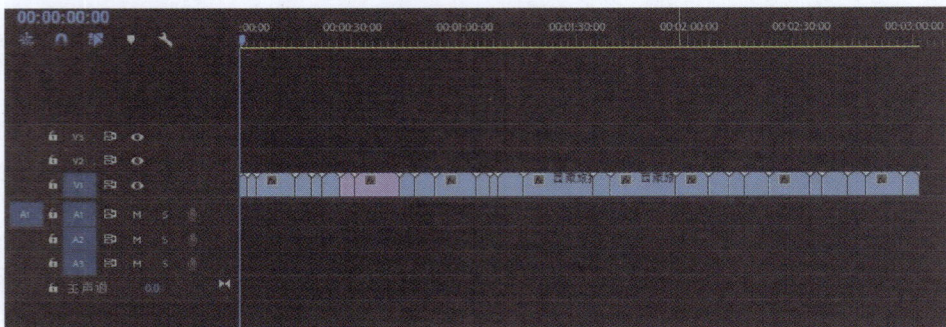

图 3-27

二、使用变速线调整视频素材

①将时间标签放置在 00：00：02：04 位置，将鼠标指针放在"西藏旅拍原视频"文件的结束位置，当鼠标指针呈 形状时按住鼠标左键向前拖拽到 00：00：02：04 位置，如图 3-28 所示。单击"西藏旅拍原视频"文件后面的空白处，按 Delete 键删除，如图 3-29 所示。

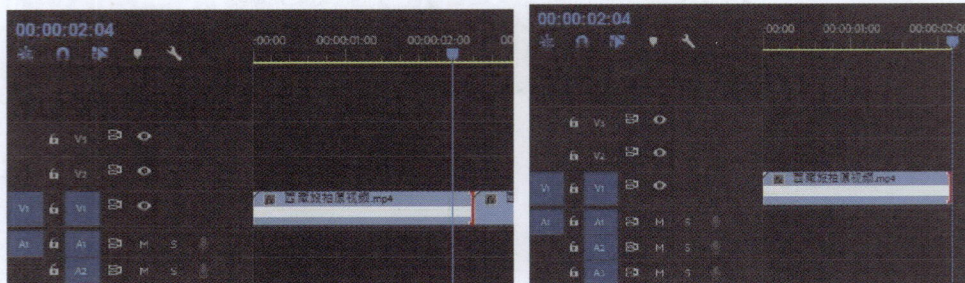

图 3-28

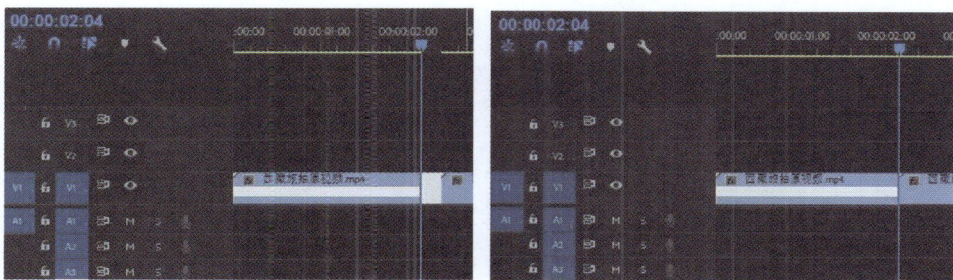

图 3-29

②在"西藏旅拍原视频_1"文件上单击鼠标右键，在弹出的菜单中选择"显示剪辑关键帧"→"时间重映射"→"速度"命令，显示出素材速度线，如图 3-30 所示。将时间标签放置在 00：00：02：09 位置，在按住 Ctrl 的同时，将鼠标指针放置在速度线上，如图 3-31 所示。

图 3-30

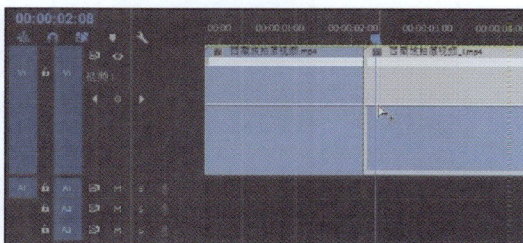

图 3-31

③在标签位置的变速线上单击，添加变速关键帧，如图 3-32 所示。

④将时间标签放置在 00：00：03：01 位置，在按住 Ctrl 键的同时，在标签位置的变速线上单击，添加变速关键帧，如图 3-33 所示。

图 3-32

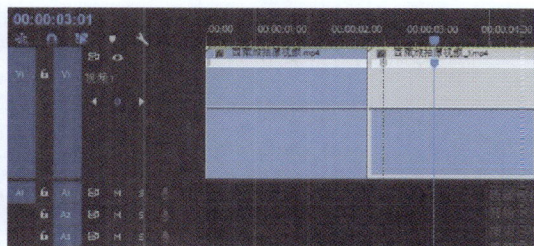

图 3-33

⑤向上拖拽中间的变速线，根据下方的数值变化调到适当的位置，如图 3-34 所示。确认后松开鼠标左键，如图 3-35 所示。

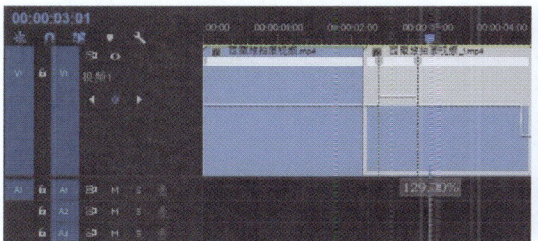

图 3-34

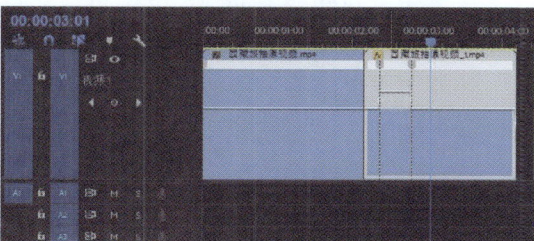

图 3-35

⑥选择"西藏旅拍原视频 _1"文件后面的空白，按 Delete 键删除，如图 3-36 所示。

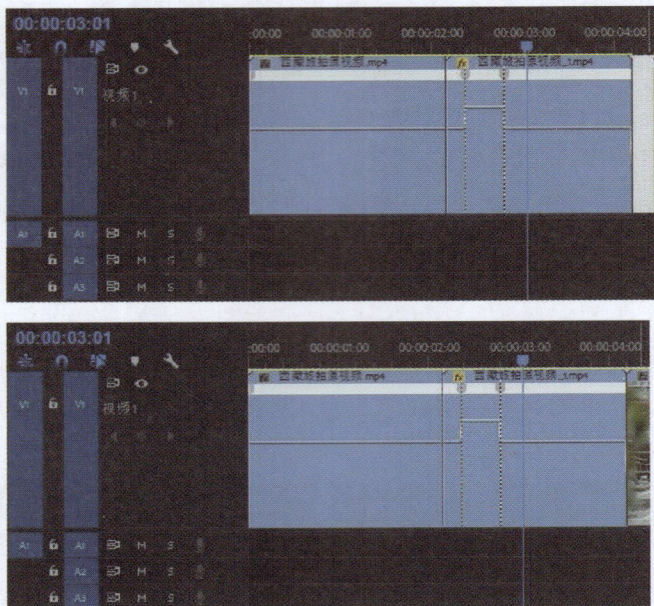

图 3-36

⑦使用相同的方法，将"西藏旅拍原视频 _2"文件在时间 00：00：13：01 之后的内容删除，将"西藏旅拍原视频 _5"文件在时间 00：00：24：00 之后的内容删除，将"西藏旅拍原视频 _7"文件在时间 00：00：41：05 之后的内容删除，将"西藏旅拍原视频 _13"文件在时间 00：01：12：03 之后的内容删除，将"西藏旅拍原视频 _15"文件在时间 00：01：38：02 之后的内容删除，将"西藏旅拍原视频 _16"文件在时间 00：01：53：22 之后的内容删除，将"西藏旅拍原视频 _25"文件在时间 00：02：52：17 之后的内容删除。

活动三　编辑素材

一、添加视频过渡

①在"效果"面板中展开"视频过渡"特效分类选项，单击"滑动"文件夹左侧的三角形按钮将其展开，选中"拆分"特效，如图 3-37 所示。将"拆分"特效拖拽到"时间线"面板中的"西藏旅拍原视频 _2"文件开始的位置，如图 3-38 所示。

②选中"时间线"面板中的"拆分"特效，在"效果控件"面板中勾选"反向"，如图 3-39 所示。

③将"交叉溶解"特效拖拽到"时间线"面板中的"西藏旅拍原视频 _4"文件开始的位置，如图 3-40 所示。

图 3-37

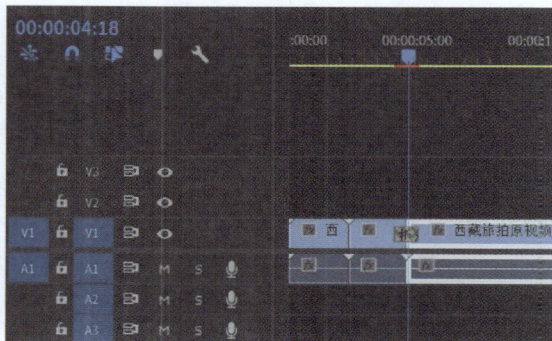

图 3-38

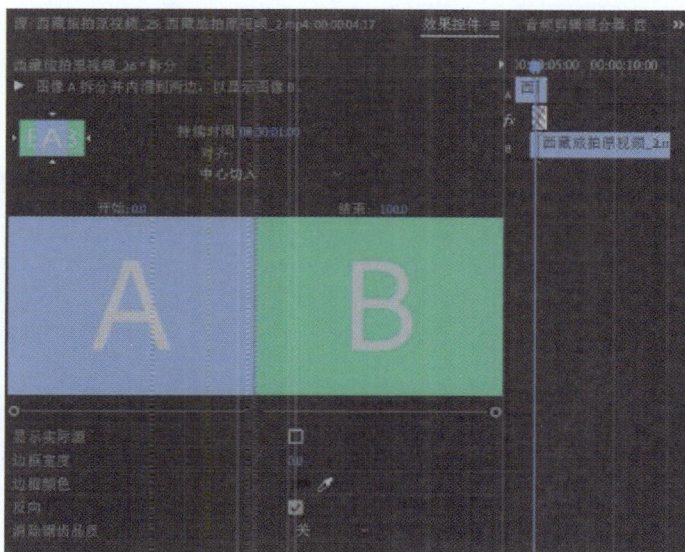

图 3-39

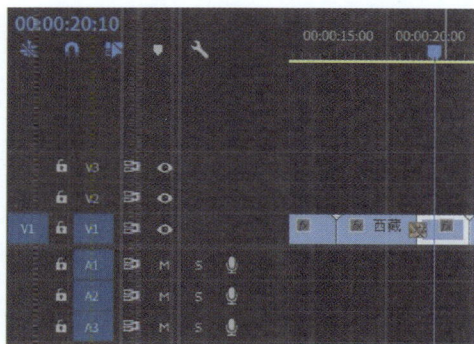

图 3-40

④在"效果"面板中展开"视频过渡"特效分类选项，单击"擦除"文件夹左侧的三角形按钮将其展开，选中"百叶窗"特效，如图3-41所示。将"百叶窗"特效拖拽到"时间线"面板中的"西藏旅拍原视频_10"文件开始的位置，如图3-42所示。

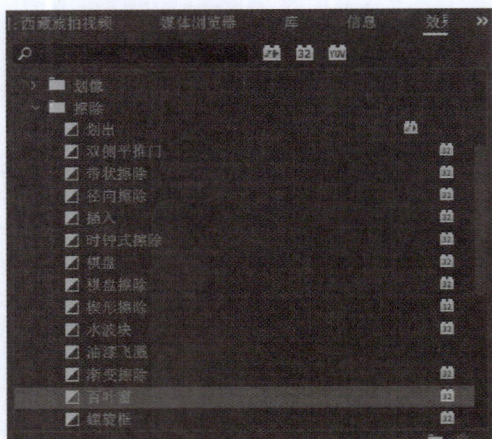

图 3-41

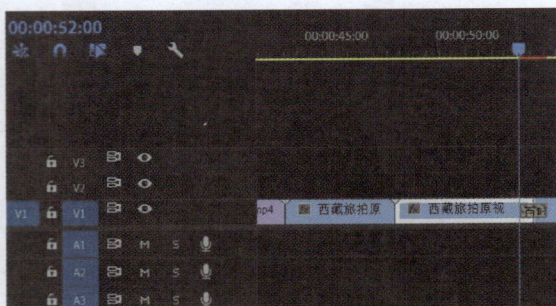

图 3-42

⑤将"水波块"特效拖拽到"时间线"面板中的"西藏旅拍原视频_20"文件开始的位置，如图 3-43 所示。

⑥将"划出"特效拖拽到"时间线"面板中的"西藏旅拍原视频_24"文件开始的位置，如图 3-44 所示。

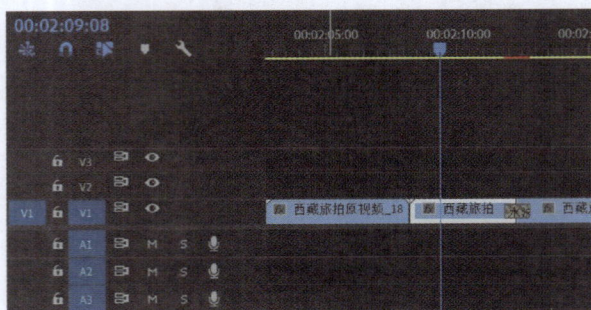

图 3-43

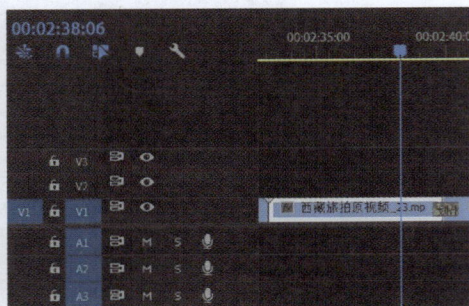

图 3-44

二、剪辑音频素材

①选择素材文件中的"配音"文件，如图 3-45 所示，将"配音"文件拖拽到"项目"面板中，如图 3-46 所示。

②将"项目"面板中的"配音"文件拖拽到"时间线"面板中的"音频 1"轨道中，如图 3-47 所示。

③将鼠标指针放在"配音"文件的结束位置，当鼠标指针呈 ◀ 形状时单击，如图 3-48 所示，选取编辑点。按 E 键，将所选编辑点扩展到播放指示器的位置，如图 3-49 所示。

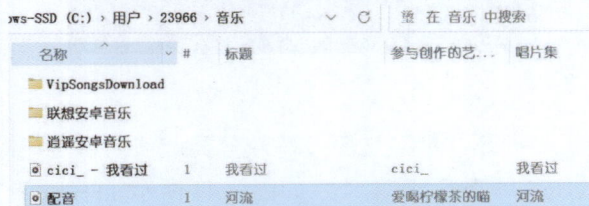

图 3-45

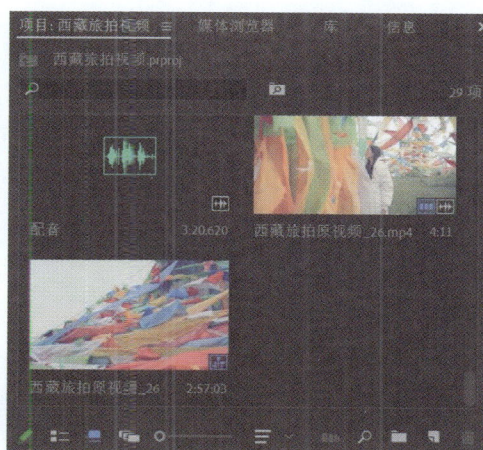

图 3-46

图 3-47

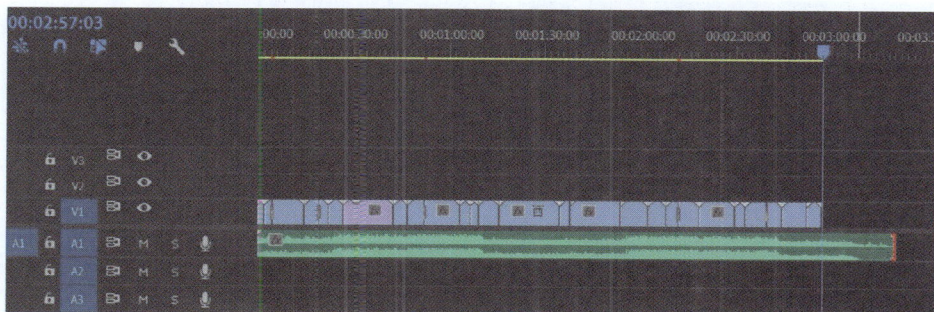

图 3-48

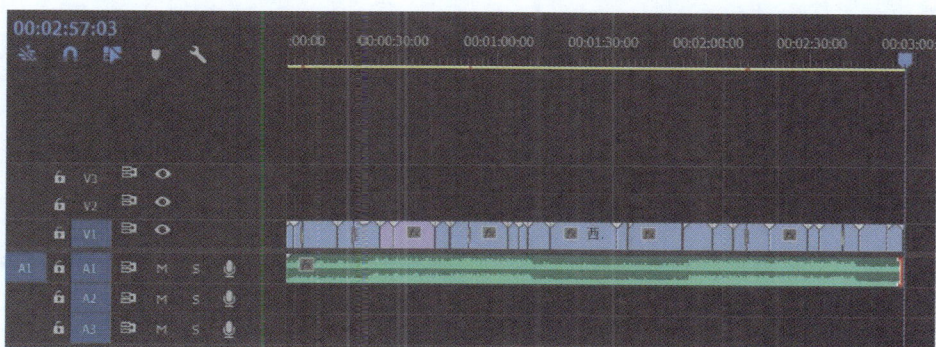

图 3-49

三、添加音频过渡

在"效果"面板中展开"音频过渡"特效分类选项，单击"交叉淡化"文件夹左侧的三角形按钮将其展开，选中"指数淡化"特效，如图 3-50 所示。将"指数淡化"特效拖拽到"时间线"面板中的"配音"文件末尾的位置，如图 3-51 所示。

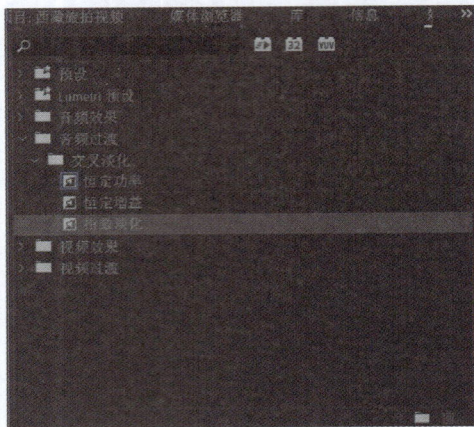

图 3-50

图 3-51

四、添加字幕

①选择"文件"→"新建"→"旧版标题"命令，在字幕设置界面，添加和设置字幕，如图 3-52 所示。

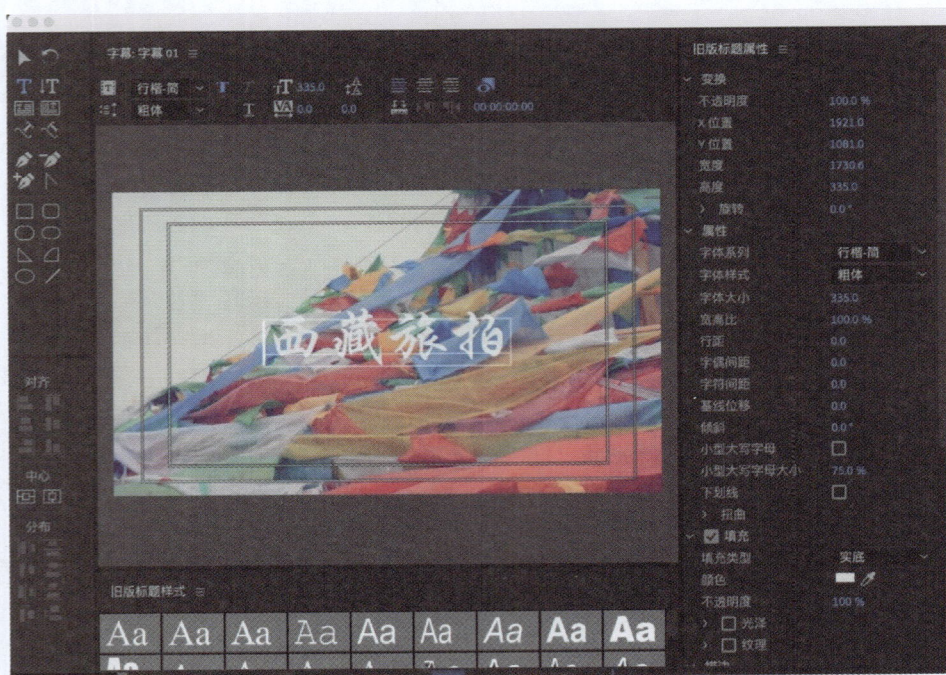

图 3-52

②设置完毕后关闭旧版标题，已经输入的字幕就会出现在项目窗口，直接拖入时间轴即可将字幕添加到视频上，如图 3-53 和图 3-54 所示。

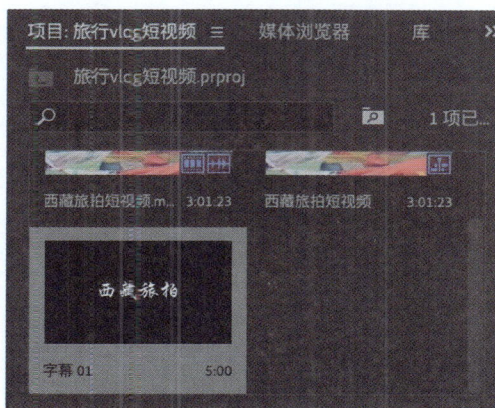

图 3-53

图 3-54

活动四　设置并发布短视频

①单击界面右上角的"上传视频"按钮，如图 3-55 所示。
②在显示的界面中输入短视频的描述，并进行相应设置，如图 3-56 所示。

图 3-55

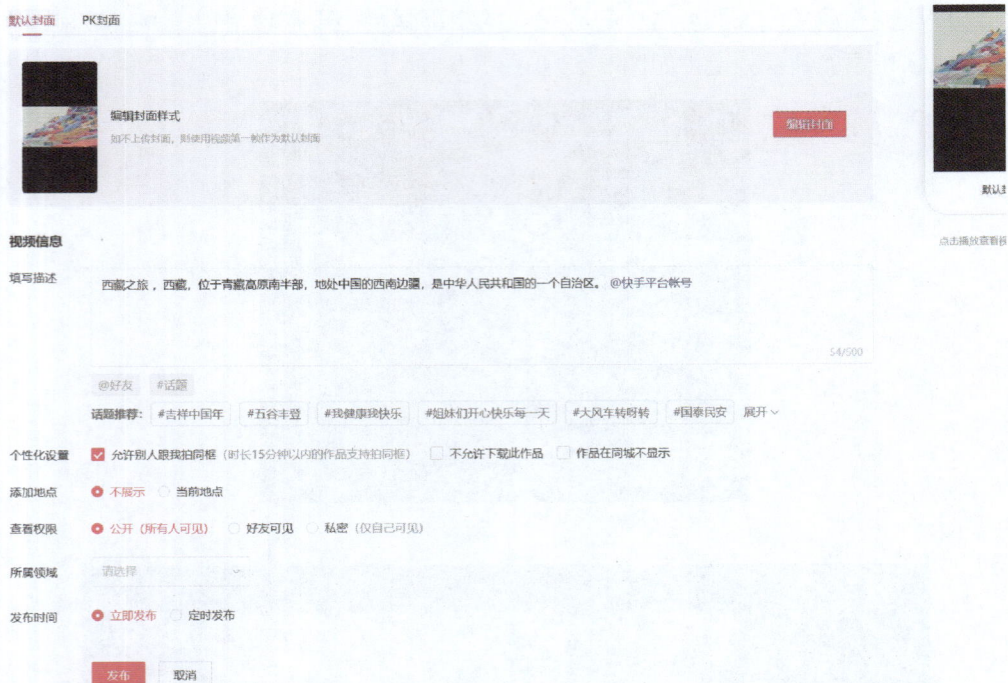

图 3-56

③单击"发布"按钮发布视频，等待审核，如图 3-57 所示。

④审核通过后即可观看发布的短视频，如图 3-58 所示。

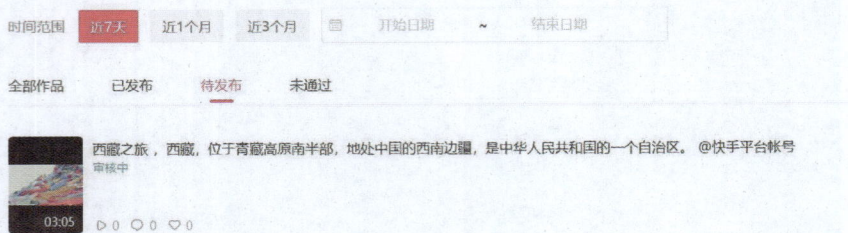

图 3-57

图 3-58

制作"海边旅游"短视频

本次实训要求制作"海边旅游"短视频，通过视频记录的方式，将夏天的一次外出旅游拍摄的画面制作成旅游短视频，并发布在 VUE Vlog 社区上。同学们可以邀请家人或同学组成短视频拍摄团队，明确分工（摄影、出镜等），最后将拍摄的视频素材通过 VUE Vlog App 剪辑成一个完整的短视频。如图 3-59 所示为"海边旅游"短视频参考效果。

图 3-59

表 3-2 为"海边旅游"短视频分镜头脚本，同学们可以参考此脚本进行拍摄，也可以在此基础上自由发挥，或者完全按自己的想法进行全新创作。

表 3-2 "海边旅游"短视频分镜头脚本

分镜	景别	镜头	画面	时长 / 秒
1	中景	跟镜头	从后方拍摄人物奔向海边的画面	11
2	全景	跟镜头	同样从后方拍摄人物奔向海边的画面	14
3	远景	摇镜头	侧面拍摄人物奔跑的画面	15
4	近景	固定镜头	拍摄人物腰部以下提裙摆的画面	5
5	近景	移镜头	拍摄人物行走的脚部动作	13
6	中景	移镜头	拍摄人物行走的脚部动作时，从近景转为中景	9
短视频成片总时长：1 分 7 秒				

【项目小结】

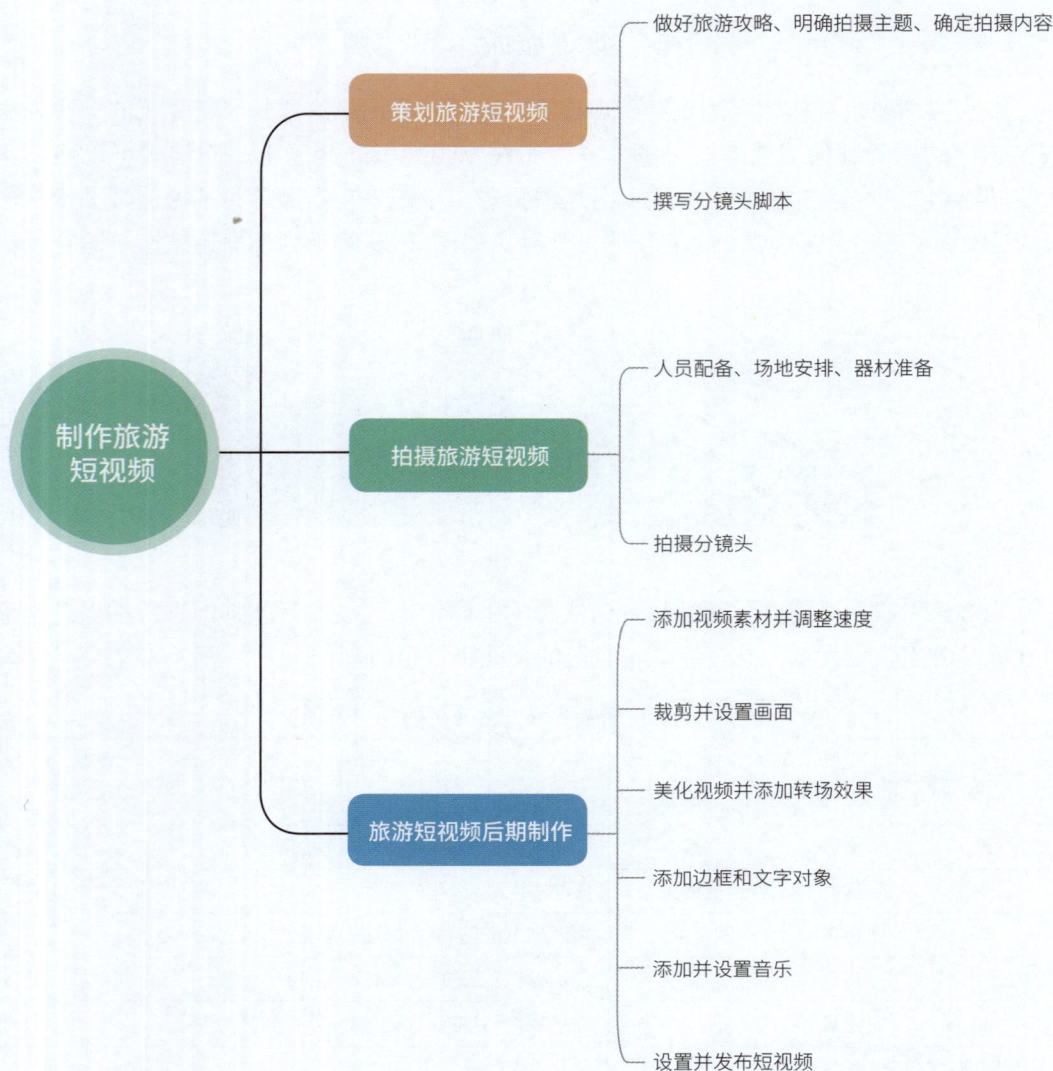

制作旅游短视频

策划旅游短视频
- 做好旅游攻略、明确拍摄主题、确定拍摄内容
- 撰写分镜头脚本

拍摄旅游短视频
- 人员配备、场地安排、器材准备
- 拍摄分镜头

旅游短视频后期制作
- 添加视频素材并调整速度
- 裁剪并设置画面
- 美化视频并添加转场效果
- 添加边框和文字对象
- 添加并设置音乐
- 设置并发布短视频

项目四
制作产品广告短视频

　　产品广告短视频在各大短视频平台中都已经非常普遍，因此广告短视频要想脱颖而出，就需要有个性化的创意来满足观众对新鲜事物的需求，狠特的创意往往能够在观众的脑海中留下深刻印象，但是创意要结合产品本身来进行创作。一个富有创意的产品广告短视频，不仅可以诱导用户去主动购买产品，同时还会得到用户的自主转发分享，让产品宣传得到病毒式传播。

知识目标

⭐ 了解广告短视频的特点。
⭐ 了解广告短视频的基本拍摄方法。

技能目标

⭐ 能策划产品广告短视频。
⭐ 能拍摄产品广告短视频。

素养目标

⭐ 培养诚实守信的精神。
⭐ 培养创新思维。

活动一　策划"蜂蜜广告"短视频的选题

一、提炼产品的特点

根据展示的产品，找出其特点和卖点。

二、明确拍摄主题

此次产品短视频的主题确定为"蜂蜜广告"，让用户通过观看短视频感受到原生态的蜂蜜品质，使人垂涎欲滴。

三、确定拍摄内容

此次重点拍摄蜂蜜产地的生态环境和蜂蜜的品质。

友情提示

- 如果广告短视频在 3 秒钟内未能抓住用户，用户将直接滑走视频，广告的效果将大大降低。
- 广告短视频要直击目标客户的痛点，突出产品的卖点和优势。
- 广告短视频的内容必须真实，不能虚假宣传。

活动二　撰写"蜂蜜广告"短视频分镜头脚本

"蜂蜜广告"短视频分镜头脚本见表 4-1。

表 4-1　"蜂蜜广告"短视频分镜头脚本

分镜	景别	镜头	画面	时长 / 秒
1	中景	固定镜头	拍摄关闭蜂箱的动作和蜂箱周围的环境	3
2	特写	固定镜头	拍摄人物和蜜蜂的互动	3
3	全景	固定镜头	拍摄人物和蜜蜂的互动	3
4	近景	固定镜头	拍摄在蜂箱外飞舞的蜜蜂	4
5	近景	固定镜头	拍摄蜂箱里面的蜜蜂	4
6	全景	横摇镜头	拍摄手中的巢脾	3
7	近景	推镜头	仰拍整个巢脾的细节和形态	3
8	特写	固定镜头	拍摄刀切巢脾上的蜂蜜	4
9	全景	移镜头	拍摄刀切巢脾的整个过程	3
10	中景	固定镜头	拍摄取蜂蜜时蜂蜜滴落的画面	3

分镜	景别	镜头	画面	时长／秒
11	特写	拉镜头	拍摄用勺子刮巢脾上的蜂蜜	5
12	全景	环绕镜头	拍摄整个巢脾	3
13	近景	推镜头	拍摄把蜂蜜从巢脾上取出来的过程	4
14	全景	摇镜头	拍摄过滤蜂蜜的过程	6
15	近景	环绕镜头	拍摄瓶子里面的蜂蜜	5
16	特写	固定镜头	拍摄将蜂蜜装进瓶子的过程	3
17	中景	固定镜头	拍摄蜂蜜流动的形态	4

任务二　拍摄产品广告短视频

活动一　人、景、物的装备

一、人员配置

一个人担任短视频的主角，一个人担任导演，一个人担任摄影师。

二、环境布置

此次拍摄无须布置场地，只需要充分利用蜂蜜产地的环境即可。

三、器材准备

准备一个手持稳定器、一部智能手机、一台微单相机，还可以准备一个外置收音设备和平板电脑。

活动二　拍摄分镜画面

1. 分镜 1

使用固定镜头拍摄，拍摄时运用中景展示人物关闭蜂箱的过程和蜂箱周围的自然环境，如图 4-1 和图 4-2 所示。

图 4-1

图 4-2

2. 分镜 2

拍摄蜜蜂的画面时使用了固定镜头和特写的方式，拍摄蜜蜂的一个活动细节，还拍摄了人物的手部动作，如图 4-3 至图 4-6 所示。

图 4-3

图 4-4

图 4-5

图 4-6

3. 分镜 3

在人物跟蜜蜂进行互动的时候，站在人物的右手面并保持一定的距离进行拍摄，这个画面以固定镜头的方式运用全景拍摄，如图 4-7 所示。

图 4-7

4. 分镜 4

使用了固定镜头近景拍摄蜜蜂在蜂箱外不停地飞舞和蜜蜂争先恐后进入蜂箱的画面，如图 4-8 所示。

图 4-8

5. 分镜 5

拍摄第一个蜜蜂画面时，运用了推镜头，镜头往里推的时候画面逐渐靠近，画面外框逐渐缩小，画面内的景物逐渐放大，让观众从整个蜂箱看到里面的巢脾，可以引导观众更深刻地感受角色的内心活动，加强情绪气氛的烘托，如图 4-9 所示。拍摄第二和第三个画面时，使用了固定镜头，都是以近景拍摄的方式来让观众看到打开蜂箱的整个过程，如图 4-10 和图 4-11 所示。

图 4-9

图 4-10

图 4-11

6. 分镜 6

在拍摄这个画面的时候要使用横摇镜头，全景拍摄阳光下整个巢脾的画面，如图 4-12 所示。

图 4-12

7. 分镜 7

拍摄时运用推镜头，从下往上全景拍摄了整个巢脾的细节和形态，如图 4-13 和图 4-14 所示。推镜头可以用于展示明确的主体目标和突出主要事物，可以强调整体与局部、客观环境与主体人物的关系和作用。

图 4-13 图 4-14

8. 分镜 8

使用固定镜头，通过特写拍摄刀割开巢脾表面后的蜂蜜细节，呈现诱人的效果，如图 4-15 和图 4-16 所示。

图 4-15 图 4-16

9. 分镜 9

在拍摄这个画面的时候要使用移镜头，从上往下全景跟随拍摄刀切巢脾的整个过程，如图 4-17 所示。

图 4-17

10. 分镜 10

在拍摄这个画面的时候要使用固定镜头，仰视拍摄取蜂蜜时蜂蜜滴落的画面，如图 4-18 所示。采用仰视拍摄的手法可以突出画面空间的立体感和视觉冲击力，还可以让主体避开画面中杂乱的背景，使画面更加简洁，更能突出主体。

图 4-18

11. 分镜 11

因为勺子是从上往下刮的动作，所以使用拉镜头，从上往下拉特写拍摄勺子刮巢脾上蜂蜜的细节，如图 4-19 所示。拉镜头有利于表现主体与所处环境的关系。

图 4-19

12. 分镜 12

使用了环绕镜头，全景拍摄整个巢脾的画面，如图 4-20 所示。

图 4-20

13. 分镜 13

在被摄主体位置不变的情况下使用推镜头，近景拍摄把蜂蜜从巢脾上取出来的过程，如图 4-21 至图 4-23 所示。

图 4-21

图 4-22

图 4-23

14. 分镜 14

在人物前方拍摄这个画面的时候要使用摇镜头，从上往下拍摄动作的整个过程，让观众看到了蜂蜜倒入滤网后是如何过滤出来的，如图 4-24 至图 4-26 所示。

图 4-24

图 4-25

图 4-26

15. 分镜 15

在拍摄这个画面的时候要使用环绕镜头，近景拍摄瓶子里的蜂蜜，凸显出纵深感，如图 4-27 所示。

图 4-27

16. 分镜 16

使用固定镜头，通过特写展示蜂蜜装进瓶子的过程，让观众看清蜂蜜中没有杂质，纯度很高，如图 4-28 至图 4-30 所示。

图 4-28

图 4-29

图 4-30

17. 分镜 17

在拍摄这个画面的时候使用固定镜头，中景拍摄蜂蜜流动的形态，让观众看到蜂蜜的黏稠度比较适中，如图 4-31 和图 4-32 所示。

图 4-31

图 4-32

任务三　产品广告短视频后期制作

活动一　新建项目

一、导入素材

①新建一个名为"蜂蜜广告"的项目，如图 4-33 所示。

②选择"文件"→"新建"→"序列"命令，创建序列，如图 4-34 所示。

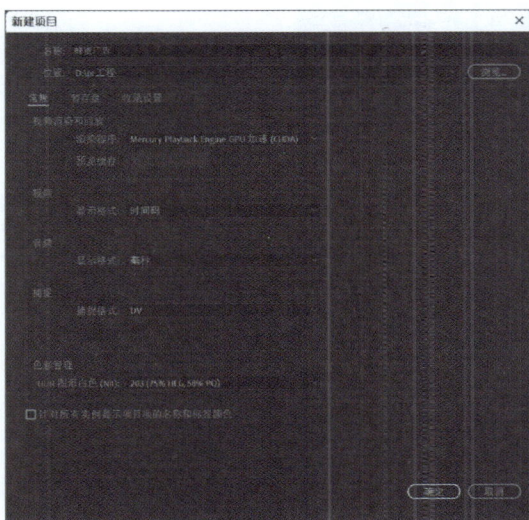
图 4-33

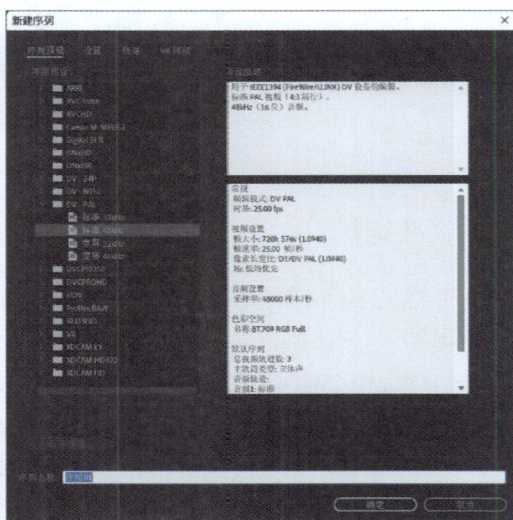
图 4-34

③选择计算机文件夹中所有拍摄的视频素材，如图 4-35 所示，将视频文件拖拽到"项目"面板中，如图 4-36 所示。

图 4-35

图 4-36

二、镜头组接

①将"项目"面板中的所有视频文件拖拽到"时间线"面板中的"视频 1"轨道中，如图 4-37 所示。

②将弹出"剪辑不匹配警告"提示框，单击"更改序列设置"按钮，如图 4-38 所示。

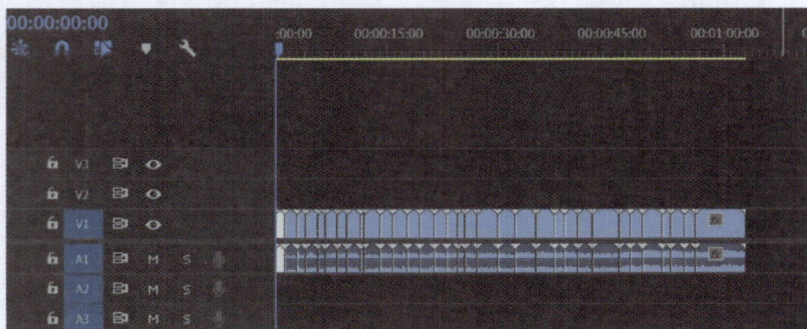

图 4-37

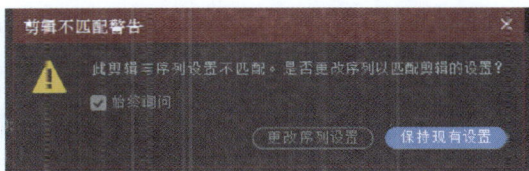

图 4-38

活动二 调整素材

一、取消音视频链接

①选择"视频 1"轨道中的所有素材,选择"剪辑"→"取消链接"命令,取消视频、音频链接,如图 4-39 所示。

②选择音频,按 Delete 键,删除音频,如图 4-40 所示。

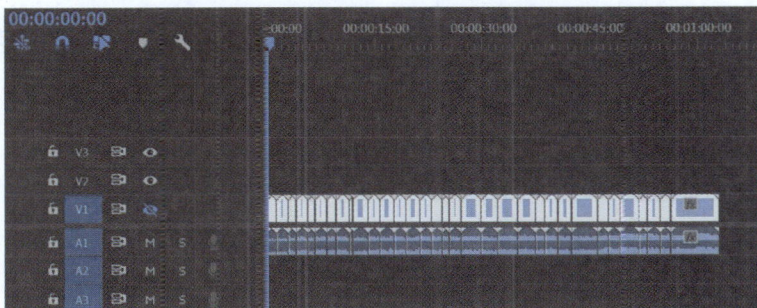

图 4-39

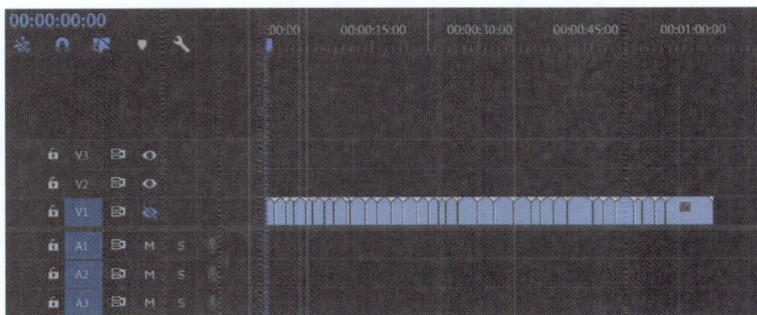

图 4-40

二、调整视频素材

①将时间标签放置在 00:00:03:18 的位置,将鼠标指针放在"蜂蜜广告视频 _2"文件的结束位置,当鼠标指针呈 ◀ 形状时按住鼠标左键向前拖拽到 00:00:03:18 位置,如图 4-41 所示。鼠标单击"蜂蜜广告视频 _2"文件后面的空白处,按 Delete 键删除,如图 4-42 所示。

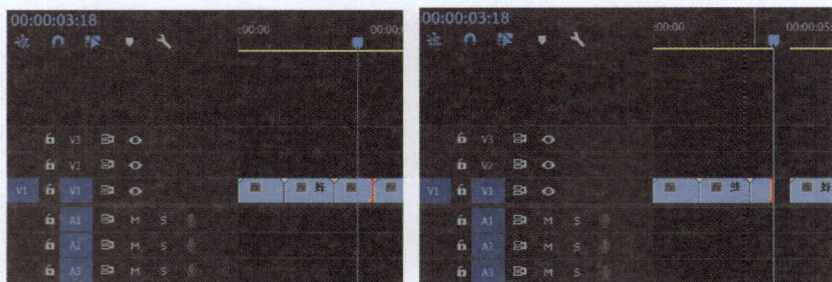

图 4-41

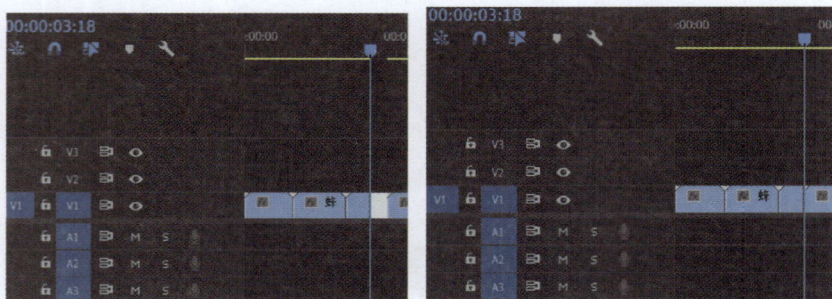

图 4-42

②使用相同的方法，将"蜂蜜广告视频 _5"文件在时间 00：00：07：13 之后的内容删除，将"蜂蜜广告视频 _7"文件在时间 00：00：10：06 之后的内容删除，将"蜂蜜广告视频 _10"文件在时间 00：00：14：05 之后的内容删除，将"蜂蜜广告视频 _11"文件在时间 00：00：15：20 之后的内容删除，将"蜂蜜广告视频 _20"文件在时间 00：00：32：11 之后的内容删除，将"蜂蜜广告视频 _25"文件在 00：00：42：24 时间之后的内容删除。

活动三　编辑素材

一、添加视频过渡

①在"效果"面板中展开"视频过渡"特效分类选项，单击"3d 运动"文件夹左侧的三角形按钮将其展开，选中"立方体旋转"特效，如图 4-43 所示。将"立方体旋转"特效拖拽到"时间线"面板中的"蜂蜜广告视频 _1"文件开始的位置，如图 4-44 所示。

图 4-43

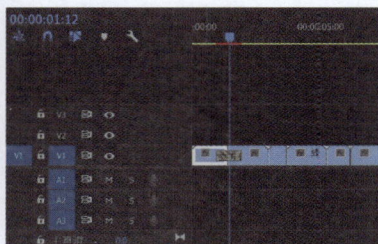

图 4-44

②单击"页面剥落"文件夹左侧的三角形按钮将其展开，选中"翻页"特效，如图 4-45 所示。将"翻页"特效拖拽到"时间线"面板中的"蜂蜜广告视频 _13"文件开始的位置，如图 4-46 所示。

图 4-45

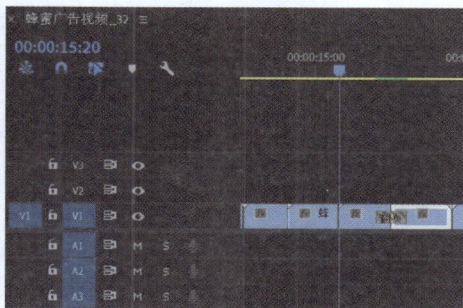

图 4-46

③将"缩放"下的"交叉缩放"特效拖拽到"时间线"面板中的"蜂蜜广告视频 _15"文件开始的位置，如图 4-47 所示。

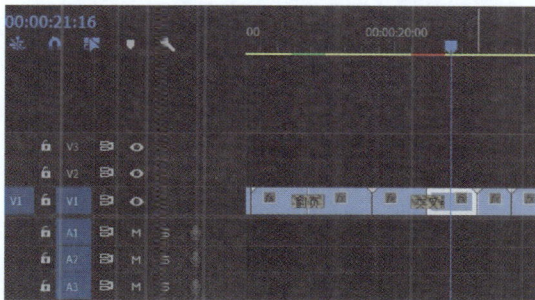

图 4-47

④将"溶解"下的"交叉溶解"特效拖拽到"时间线"面板中的"蜂蜜广告视频 _22"文件开始的位置，如图 4-48 所示。

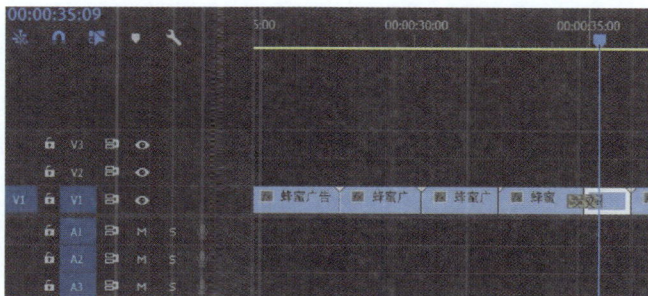

图 4-48

⑤将"溶解"下的"交叉溶解"特效拖拽到"时间线"面板中的"蜂蜜广告视频_32"文件开始的位置，如图4-49所示。

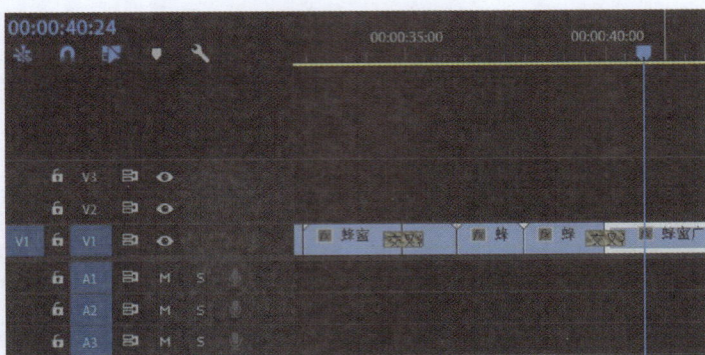

图 4-49

二、剪辑音频素材

①选择素材文件中的"配音"文件，将"配音"文件拖拽到"项目"面板中，如图4-50所示。

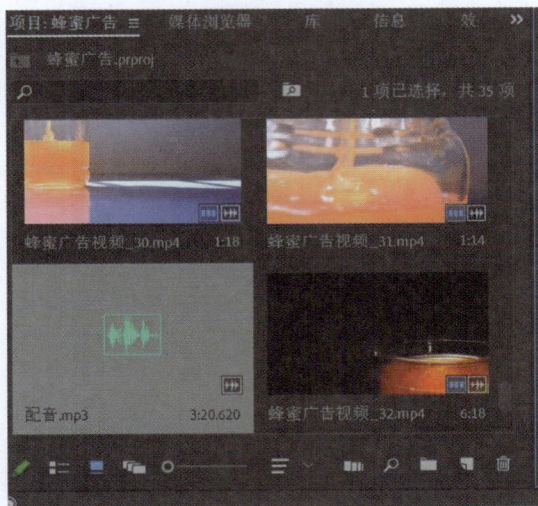

图 4-50

②将"项目"面板中的"配音"文件拖拽到"时间线"面板中的"音频1"轨道中，如图4-51所示。

③将鼠标指针放在"配音"文件的结束位置，当鼠标指针呈 ◀ 形状时单击，如图4-52所示，选取编辑点。按E键，将所选编辑点扩展到播放指示器的位置，如图4-53所示。

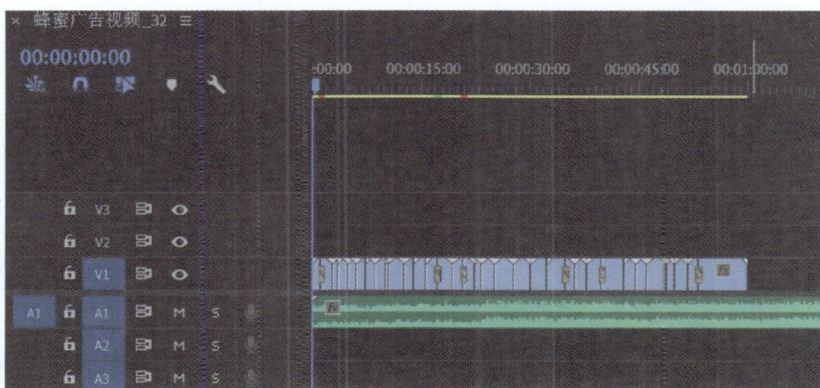

图 4-51

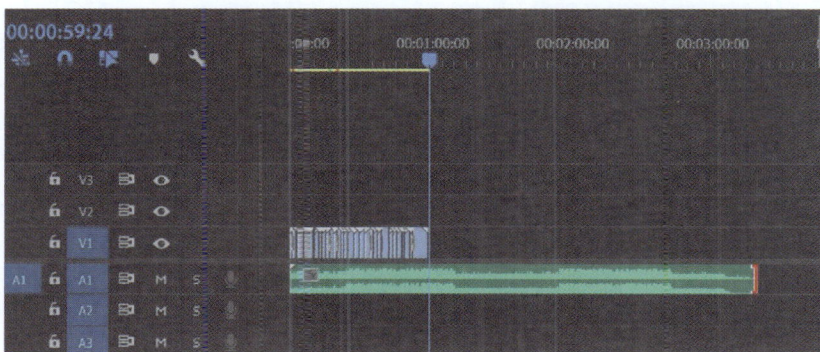

图 4-52

图 4-53

三、添加音频过渡

在"效果"面板中展开"音频过渡"特效分类选项，单击"交叉淡化"文件夹左侧的三角形按钮将其展开，选中"指数淡化"特效，如图 4-54 所示。将"指数淡化"特效拖拽到"时间线"面板中的"配音"文件末尾的位置，如图 4-55 所示。

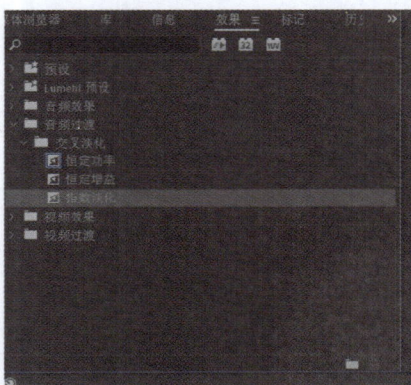

图 4-54

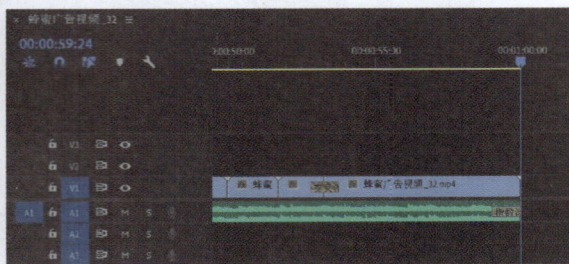

图 4-55

四、添加字幕

①选择"文件"→"新建"→"旧版标题"命令，将弹出"新建字幕"提示框，选择与视频一样的尺寸，参数设置如图 4-56 所示，单击"确定"按钮。

②在字幕设置界面，添加和设置字幕，如图 4-57 所示。

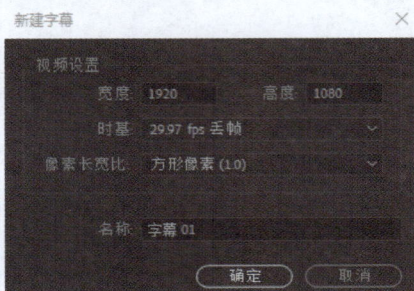

图 4-56

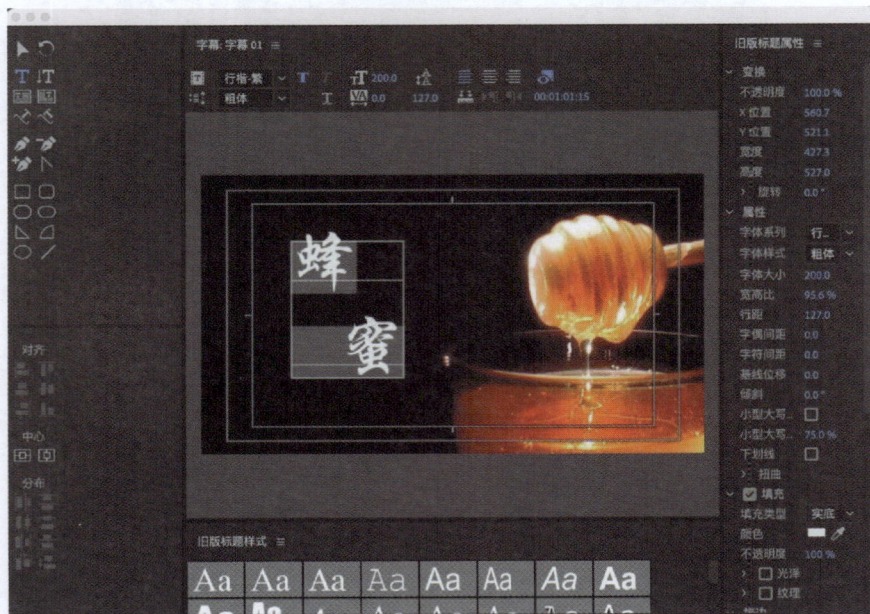

图 4-57

③设置完成后关闭设置对话框，已经输入的字幕就会出现在项目窗口中，将其直接拖入时间轴即可将字幕添加在视频上，如图 4-58 所示。

图 4-58

活动四　设置并发布短视频

①使用前面学过的方法发布短视频，如图 4-59 所示。

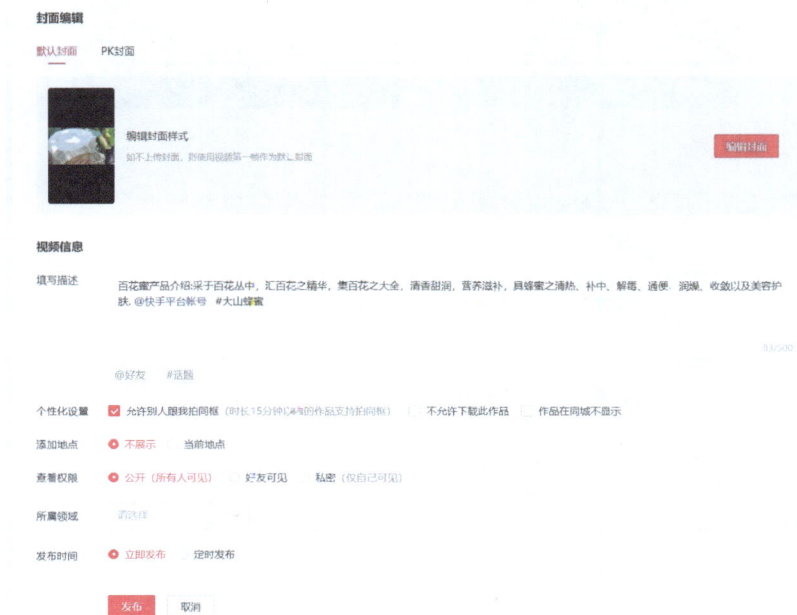

图 4-59

②审核通过后即可观看发布的短视频，如图 4-60 所示。

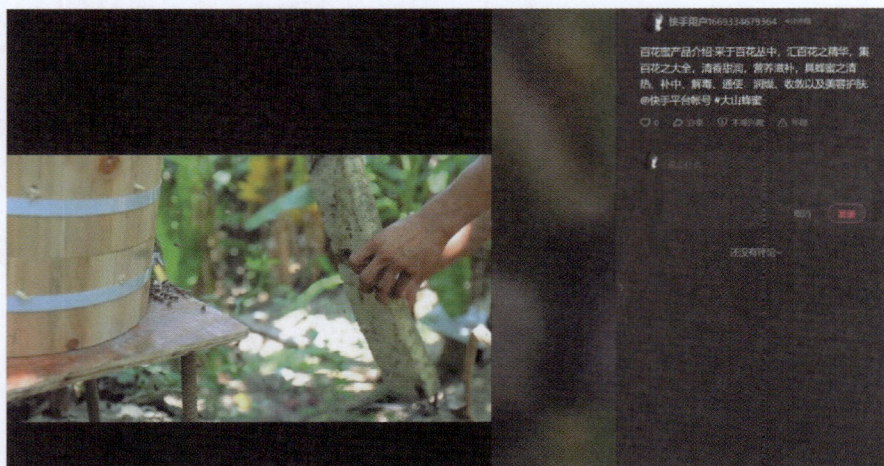

图 4-60

【同步实训】

制作"橘子广告"短视频

本次实训要求制作"橘子广告"短视频，通过视频记录的方式，将秋天去果园摘水果的画面制作成短视频，并发布在 VUE Vlog 社区上。同学们可以邀请家人或同学组成短视频拍摄团队，明确分工（摄影、出镜等），最后将拍摄的视频素材通过 VUE Vlog App 剪辑成一个完整的短视频。图 4-61 所示为"橘子广告"短视频参考效果。

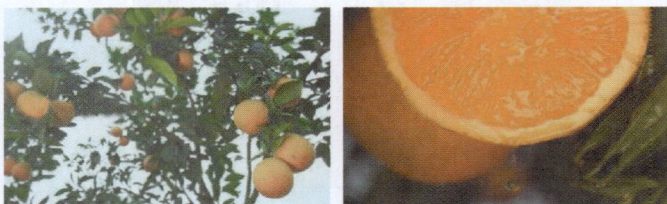

图 4-61

表 4-2 为"橘子广告"短视频分镜头脚步，同学们可以参考此分镜头脚本进行拍摄，也可以在此基础上自由发挥，或者完全按自己的想法进行全新创作。

表 4-2　"橘子广告"短视频分镜头脚本

分镜	景别	镜头	画面	时长 / 秒
1	中景	推镜头	拍摄橘子树上硕果累累	3
2	近景	环绕镜头	拍摄枝丫上的水果	3
3	远景	推镜头	从下方往上拍摄橘子	3
4	中景	推镜头	先拍摄树枝上硕果满枝的画面，然后推近拍摄单个橘子的细节	4
5	全景	拉镜头	从近往远拉镜头拍摄橘子和橘子树	7
6	近景	固定镜头	固定拍摄橘子的细节和被雨水冲刷后的画面	3

分镜	景别	镜头	画面	时长／秒
7	特写	固定镜头	选一颗饱满形象好的橘子,然后在其偏下方的角度拍摄出水珠低落的画面,以及水珠从橘子表面滑落的画面	9
8	特写	固定镜头	拍摄切开的橘子和橘子汁洒落的画面	4
9	特写	固定镜头	拍摄橘子切开后里面饱满的果然	3
10	中景	拉镜头	拍摄挂满橘子的橘子树	3
11	近景	推镜头	镜头由远及近,通过不同角度拍摄树上的橘子	3
12	近景	移镜头	选择几个橘子,拍摄橘子的不同侧面	5
短视频成片总时长: 50 秒				

【项目小结】

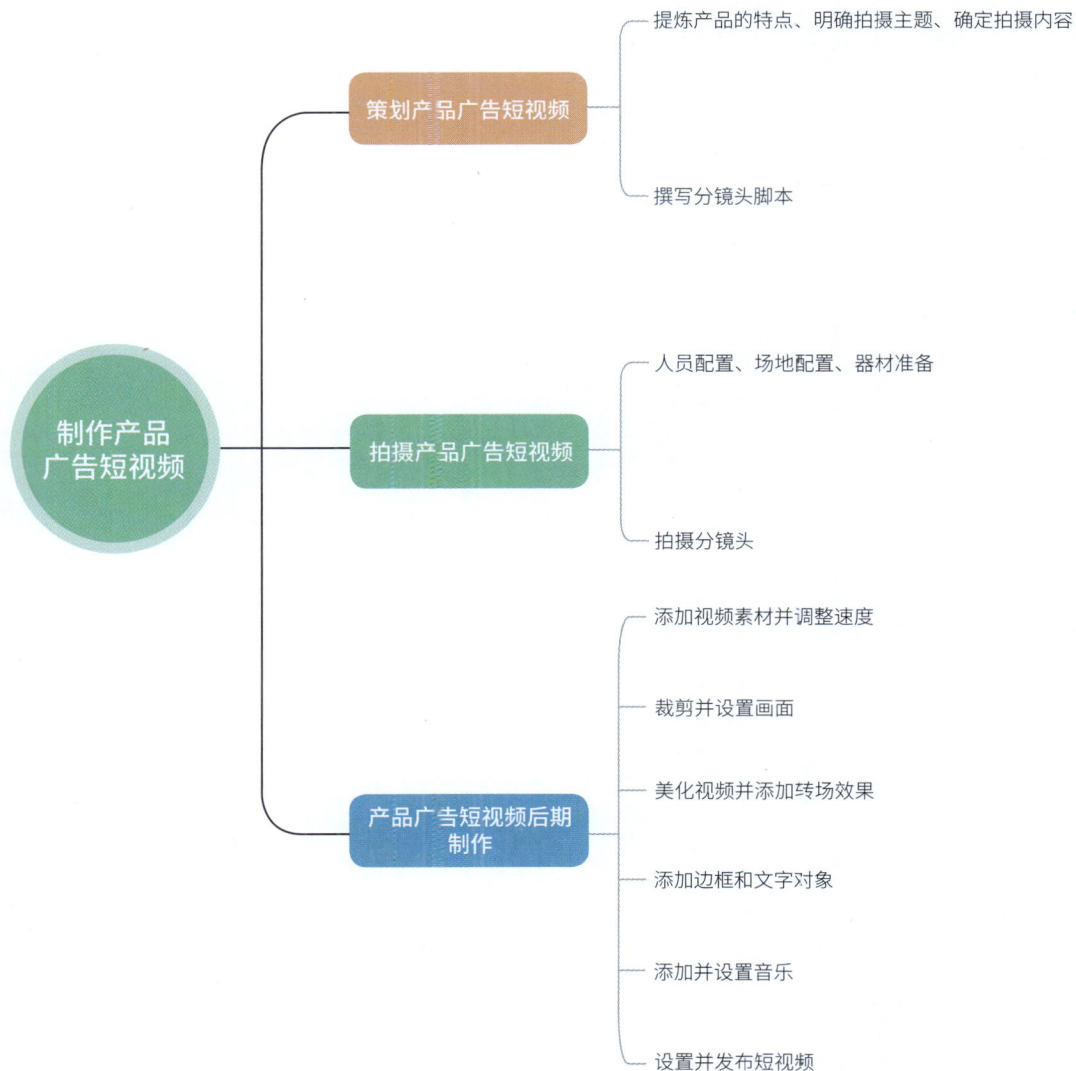

项目五
制作宣传片短视频

　　在社会经济不断发展的当下，企业为了宣传推广自身和产品会制作企业宣传片，每个城市为了吸引游客，招商引资，发展经济，也开始制作城市宣传片。城市宣传片一般会全方位展示城市的文化内涵、特色景点、传统美食和经济发展情况等。目前，城市宣传短视频在短视频平台中也很受特定用户的欢迎，特别是旅游爱好者，他们会因为短视频的内容而想去这个城市看看。

知识目标
⭐ 了解宣传片短视频的构成要素。
⭐ 了解宣传片短视频的拍摄方法。

技能目标
⭐ 能策划城市宣传片短视频。
⭐ 能拍摄城市宣传片短视频。

素养目标
⭐ 培养对祖国的热爱之情。

活动一　策划"重庆宣传片"短视频的选题

一、了解目标受众

不同的受众群体对于城市的关注点和需求有所不同。例如，对于旅游者来说，他们更关注景点、美食和文化活动；而对于投资者来说，则更关注经济发展潜力和政策环境。因此，在选题时应根据目标受众的特点和需求来确定。

二、挖掘城市特色

此次短视频的主题为"重庆宣传片"。重庆位于长江与嘉陵江交汇处，三面环水；城市依山而建，被称为"山城"，有着独特的立体景观和立体交通。重庆历史文化底蕴深厚。作为中国西南地区最早开发建设起来并具有几千年历史文明遗存的城市之一，拥有丰富的历史文化资源。重庆火锅文化积淀深厚，独具特色。让用户通过观看短视频了解重庆的特色：雾都、山城、"8D 魔幻""赛博朋克""火锅之城""桥梁之城"。

三、确定拍摄内容

在了解目标受众需求和挖掘城市特色之后，我们可以根据以下几个原则来确定拍摄主题：

- 突出独特性：选取一个具有独特性的主题，使宣传片在众多同类型作品中脱颖而出。
- 强调亮点：选择一个能够突出城市亮点和特色的选题，让观众在短时间内对城市有深刻的印象。
- 多样性与完整性：选取多个主题点，将城市的各个方面都充分展示出来，使观众能够全面了解城市形象。
- 故事性：选取一个具有故事性的选题，通过叙述引人入胜的故事情节，增加观众的共鸣和情感连接。

活动二　撰写"重庆宣传片"短视频分镜头脚本

"重庆宣传片"短视频分镜头脚本见表 5-1。

表 5-1　"重庆宣传片"短视频分镜头脚本

分镜	景别	镜头	画面	时长 / 秒
1	全景	移镜头	拍摄房子的特色	3
2	远景	摇镜头	拍摄轻轨由远到近疾驰而来，穿入楼中的画面	12
3	远景	固定镜头	拍摄轻轨穿楼而过后疾驰的画面	7
4	全景	摇镜头	拍摄街头的人群过斑马线的画面	7
5	近景	摇镜头	拍摄牌匾的出现	3

分镜	景别	镜头	画面	时长／秒
6	中景	固定镜头	拍摄重庆街巷的环境	3
7	近景	移镜头	拍摄老人拉小提琴的侧面画面	3
8	近景	固定镜头	拍摄老人拉小提琴的正面画面	4
9	全景	固定镜头	拍摄人物主体跟周边的环境	3
10	中景	固定镜头	拍摄来往的人群	3
11	中景	固定镜头	拍摄重点人物和来往的行人	3
12	远景	固定镜头	拍摄空间范围比较大的一种环境	3
13	近景	移镜头	拍摄桌子上的物品	3
14	近景	固定镜头	拍摄铃铛的细节	4
15	近景	摇镜头	拍摄树上挂的牌子	5
16	特写	移镜头	拍摄牌子上的文字	4
17	全景	移镜头	拍摄街头的人物和环境	3
18	远景	移镜头	拍摄遮罩出场的解放碑画面	4
19	全景	环绕镜头	拍摄指路牌	4
20	远景	移镜头	拍摄洪崖洞和江面上行驶的轮船	4
21	全景	空镜头	拍摄漂亮的大厦	3
22	全景	旋转镜头	拍摄火锅店的灯牌	4
23	全景	移镜头	拍摄夜晚千厮门大桥下的景色	3
24	全景	摇镜头	拍摄缆车的运动轨迹	4

任务二　拍摄宣传片短视频

活动一　人、景、物的装备

一、环境布置

此次拍摄无须布置场地，只需要充分借助重庆的城市环境即可。

二、器材准备

准备一个手持稳定器、一部智能手机、一台微单相机，还可以准备一部无人机用于航拍城市风貌。

活动二　拍摄分镜画面

1. 分镜 1

使用移镜头拍摄，通过全景展现房子的特色，如图 5-1 所示。移镜头可以创造出具有强烈主观色彩的镜头，从而使画面更具现场感。

图 5-1

2. 分镜 2

在拍摄这个画面的时候要使用摇镜头，远景拍摄轻轨由远到近疾驰而来，穿入楼中，如图 5-2 和图 5-3 所示。

图 5-2

图 5-3

3. 分镜 3

在拍摄这个画面的时候要使用固定镜头，远景拍摄轻轨穿楼而出后疾驰的画面，如图 5-4 和图 5-5 所示。

图 5-4

图 5-5

4. 分镜 4

在拍摄这个画面的时候要使用摇镜头，全景拍摄人群过斑马线的画面，如图 5-6 和图 5-7 所示。摇镜头便于展现人物的运动过程。

图 5-6   图 5-7

5. 分镜 5

在拍摄这个画面的时候要使用摇镜头，近景拍摄，开头用树叶作为前景，从左向右移动镜头，逐渐扩展画面，展示这个牌匾的内容，产生巡视的视觉效果，如图 5-8 和图 5-9 所示。

图 5-8   图 5-9

6. 分镜 6

在拍摄这个画面的时候要使用了固定镜头，中景拍摄重庆街巷的环境，如图 5-10 所示。

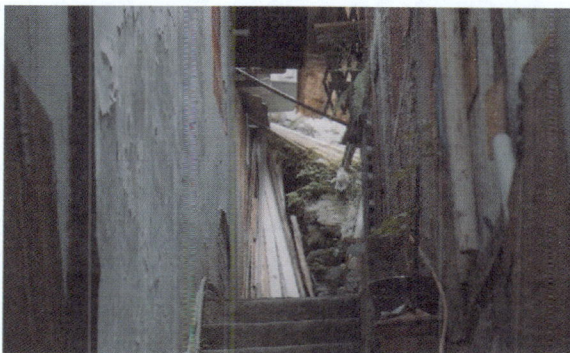

图 5-10

7. 分镜 7

在拍摄这个画面的时候要使用移镜头，近景拍摄了老人拉小提琴的画面，在这里运用了三分法构图把人物放在了三分之一的地方，如图 5-11 和图 5-12 所示。

图 5-11

图 5-12

8. 分镜 8

在拍摄这个画面的时候要使用固定镜头，近景拍摄人物的动作，画面的重点是人物的表情及姿势，如图 5-13 所示。

在拍摄近景人像时，一方面要注意模特的表情、姿势等细节，另一方面还要关注周边环境跟人物主体之间的融合。另外，在拍摄近景人像时，要注意截取的位置。一般来说，尽量避免在人物腰部位置裁切，而尽量将裁切线安排在腰部以下，这样可以让画面看起来更加自然、和谐。

图 5-13

9. 分镜 9

在拍摄这个画面的时候要使用固定镜头，全景拍摄人物所处的环境，而人物本身的表情和五官则被弱化，如图 5-14 所示。

图 5-14

10. 分镜 10

在拍摄这个画面时采用了中景，用固定镜头拍摄街头往来的人群，如图 5-15 所示。

图 5-15

11. 分镜 11

采用固定镜头和中景拍摄，以白色衣服的人物为主体，这样在突出人物的同时，也可以看出这个街道人来人往，和白衣人形成对比，如图 5-16 所示。

图 5-16

12. 分镜 12

以固定镜头拍摄空间尺度较大的远景，尽量避开杂乱的东西，如图 5-17 所示。远景的视野宽阔，用来表现地理环境、开阔的场景。

图 5-17

13. 分镜 13

使用移镜头近景拍摄桌面的物品，摆脱了定点摄影的束缚，形成了多样化的视点，如图 5-18 所示。

图 5-18

14. 分镜 14

使用固定镜头近景拍摄铃铛，通过前景来增加画面的空间感，让整个画面呈现出立体效果，如图 5-19 所示。

图 5-19

15. 分镜 15

在拍摄这个画面时用到了全景，以摇镜头的方式拍摄树上的牌子，如图 5-20 所示。

图 5-20

16. 分镜 16

从多块牌子里面寻找一块牌子并以移镜头特写的方式来拍摄这块牌子上的具体内容，如图 5-21 所示。

图 5-21

17. 分镜 17

在拍摄这个画面的时候使用了移镜头，从左到右水平移动镜头全景拍摄了街道的人物和环境，拓展了画面的空间，创造出独特的视觉艺术效果，如图 5-22 所示。

图 5-22

18. 分镜 18

配合遮罩转场，拍摄时要使用移镜头，远景拍摄解放碑的画面，如图 5-23 所示。前景物的遮挡让整个画面缓缓展开，使视频的转场十分流畅。

图 5-23

19. 分镜 19

在拍摄的时候使用环绕镜头，全景拍摄指路牌，转动镜头的拍摄给人身临其境的感受，如图 5-24 所示。环绕拍摄模式特别适合拍摄旅游景点或者室内的空间环境。

图 5-24

20. 分镜 20

全景拍摄洪崖洞和江面上行驶的船，通过移镜头全景展现晚上漂亮的夜景，如图 5-25 和图 5-26 所示。

图 5-25　　　　　　　　　　　　　　　　图 5-26

21. 分镜 21

采用全景拍摄，运用空镜头拍摄大厦的夜景，如图 5-27 所示。

图 5-27

22. 分镜 22

在拍摄这个画面时用到了全景，采用旋转镜头拍摄火锅店的灯牌，使观众能够从多个角度看清物体的细节，如图 5-28 所示。

图 5-28

23. 分镜 23

在拍摄时使用了全景，用移镜头拍摄夜晚千厮门大桥下的景色，如图 5-29 和图 5-30 所示。

图 5-29

图 5-30

24. 分镜 24

避开建筑，全景仰拍，以摇镜头的方式拍摄缆车的运动轨迹，如图 5-31 所示。

图 5-31

任务三 宣传片短视频后期制作

活动一 新建项目

一、导入素材

①新建一个名为"重庆宣传片"的项目，如图 5-32 所示。
②选择"文件"→"新建"→"序列"命令，创建序列。

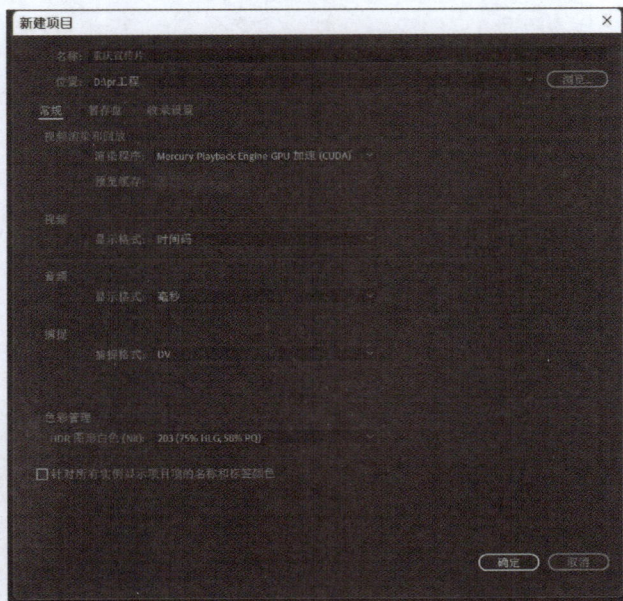

图 5-32

③选择计算机文件夹中所有拍摄的视频素材，如图 5-33 所示，将视频文件拖拽到"项目"面板中，如图 5-34 所示。

图 5-33

图 5-34

二、镜头组接

①将"项目"面板中的所有视频文件拖拽到"时间线"面板中的"视频1"轨道中，如图 5-35 所示。

②将弹出"剪辑不匹配警告"提示框，单击"更改序列设置"按钮。

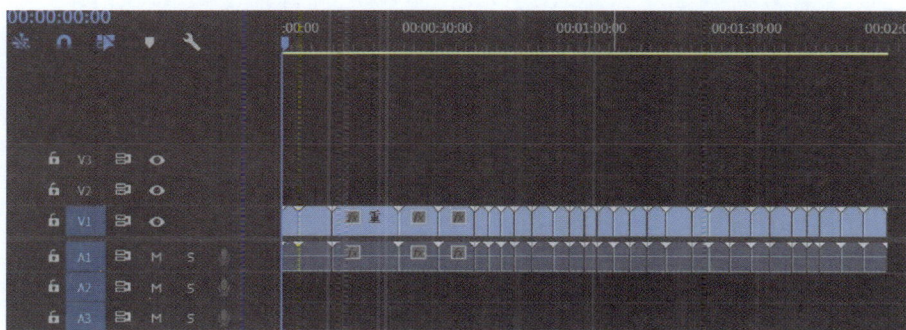

图 5-35

活动二　调整素材

一、取消音视频链接

①选择"视频 1"轨道中的所有素材，选择"剪辑"→"取消链接"命令，取消视频、音频链接，如图 5-36 所示。

②选择音频，按 Delete 键，删除音频，如图 5-37 所示。

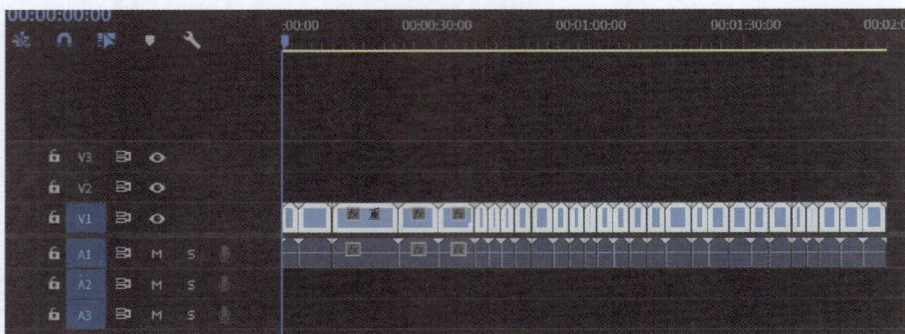

图 5-36

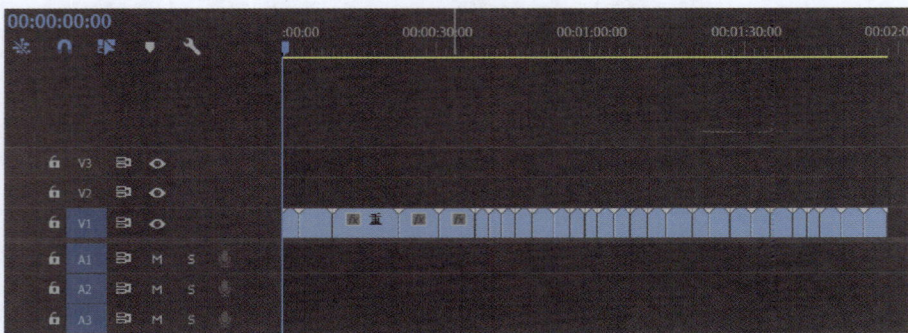

图 5-37

二、调整视频素材

使用之前学过的方法，将"重庆宣传片"文件在时间 00：00：03：04 之后的内容删除，将"重庆宣传片 _1"文件在时间 00：00：09：00 之后的内容删除，将"重庆宣传片 _3"文件在时间 00：00：28：17 之后的内容删除，将"重庆宣传片 _4"文件在时间 00：00：34：20 之后的内容删除，将"重庆宣传片 _8"文件在时间 00：00：45：19 之后的内容删除，将"重庆宣传片 _10"文件在时间 00：00：52：17 之后的内容删除，将"重庆宣传片 _11"文件在时间 00：00：55：03 之后的内容删除。将"重庆宣传片 _17"文件在时间 00：01：15：06 之后的内容删除，将"重庆宣传片 _22"文件在时间 00：01：34：10 之后的内容删除。将"重庆宣传片 _24"文件在时间 00：01：39：07 之后的内容删除。

活动三　编辑素材

一、添加视频过渡

①在"效果"面板中展开"视频过渡"特效分类选项，单击"擦除"文件夹左侧的三角形按钮将其展开，选中"双侧平推门"特效，如图5-38所示。将"双侧平推门"特效拖拽到"时间线"面板中的"重庆宣传片_1"文件开始的位置，如图5-39所示。

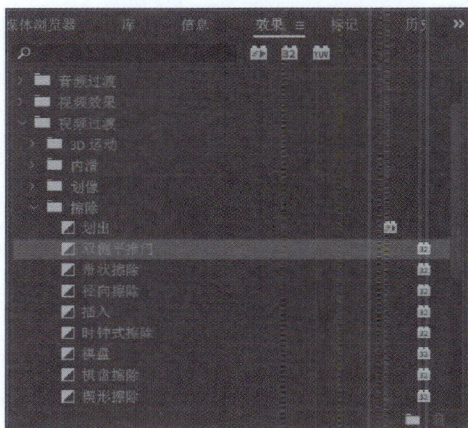 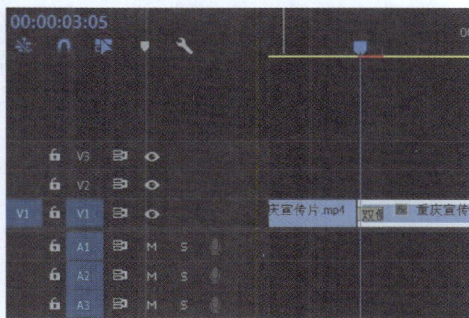

图 5-33　　　　　　　　　　　　　　　　图 5-39

②将"溶解"下的"交叉溶解"特效拖拽到"重庆宣传片_4""重庆宣传片_10""重庆宣传片_14"文件开始的位置。

二、添加音频剪辑音频素材

①选择素材文件中的"配音"文件，将"配音"文件拖拽到"项目"面板中，如图5-40所示。

图 5-40

②将"项目"面板中的"配音"文件拖拽到"时间线"面板中的"音频1"轨道中。

③将鼠标指针放在"配音"文件的结束位置，当鼠标指针呈 ◄ 形状时单击，选取编辑点，按 E 键，将所选编辑点扩展到播放指示器的位置，如图 5-41 所示。

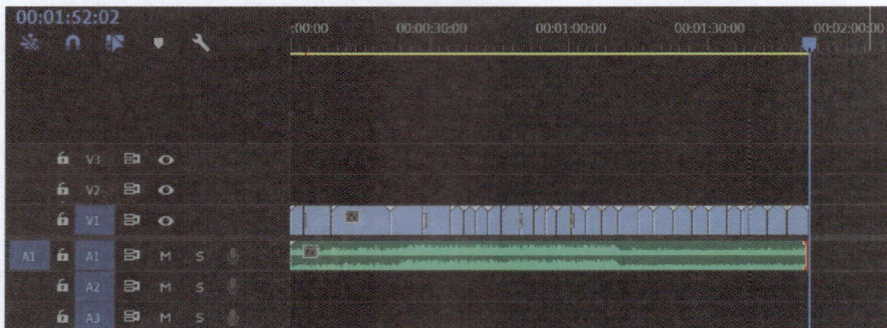

图 5-41

三、添加音频过渡

在"效果"面板中展开"音频过渡"特效分类选项，单击"交叉淡化"文件夹左侧的三角形按钮将其展开，选中"指数淡化"特效，如图 5-42 所示。将"指数淡化"特效拖拽到"时间线"面板中"配音"文件末尾的位置，如图 5-43 所示。

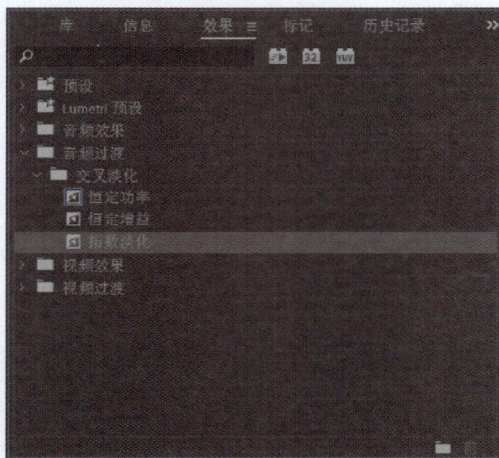

图 5-42

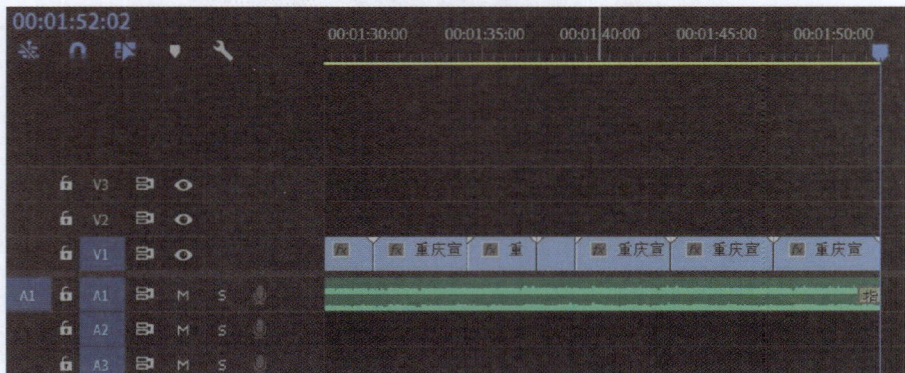

图 5-43

四、制作电影感片头文字

①导入拍摄的视频素材，使用拖拽方法将序列匹配视频素材，在"效果"面板里面搜索找到"裁剪"功能，将"裁剪"效果拖拽到这段素材上，如图5-44所示。

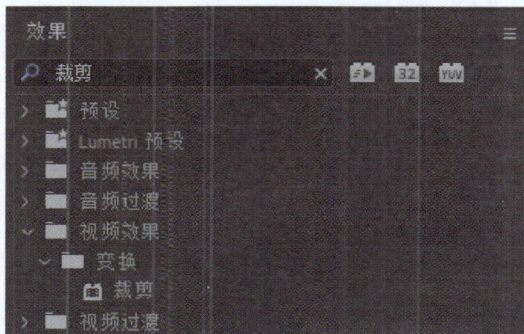

图 5-44

②在"效果控件"里面找到"裁剪"，将它的顶部和底部都打上关键帧，如图5-45所示。

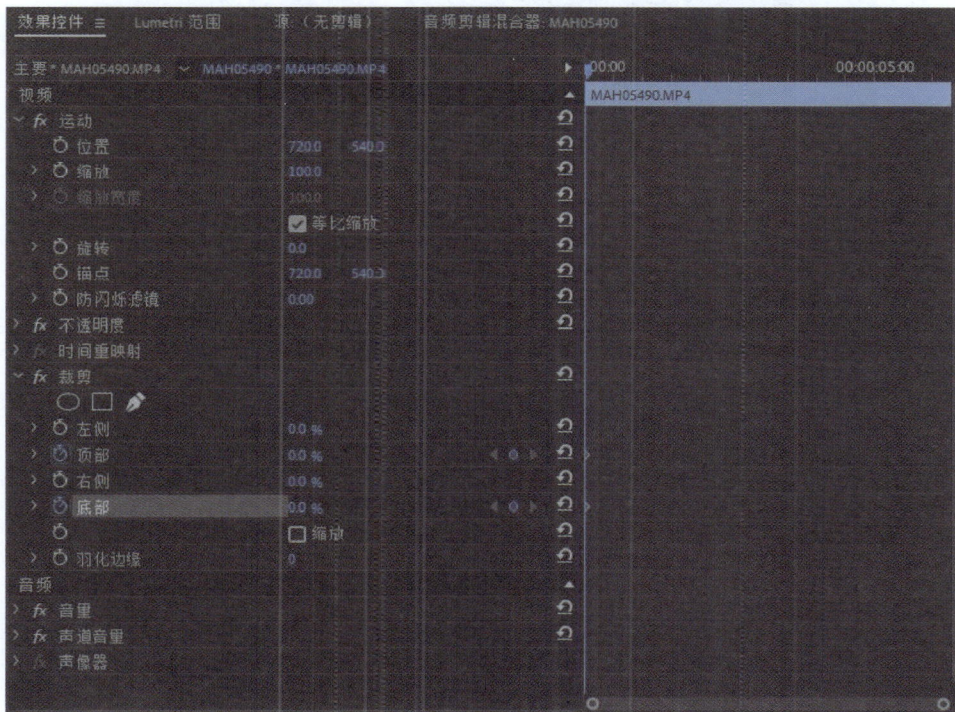

图 5-45

③在时间轴上后移，回到"效果控件"将顶部和底部的数值调大一些，如图5-46所示。这时，可以看到画面上的黑幕已经出现，如图5-47所示。

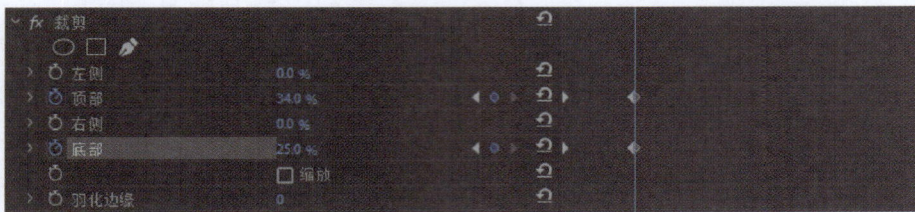

图 5-46

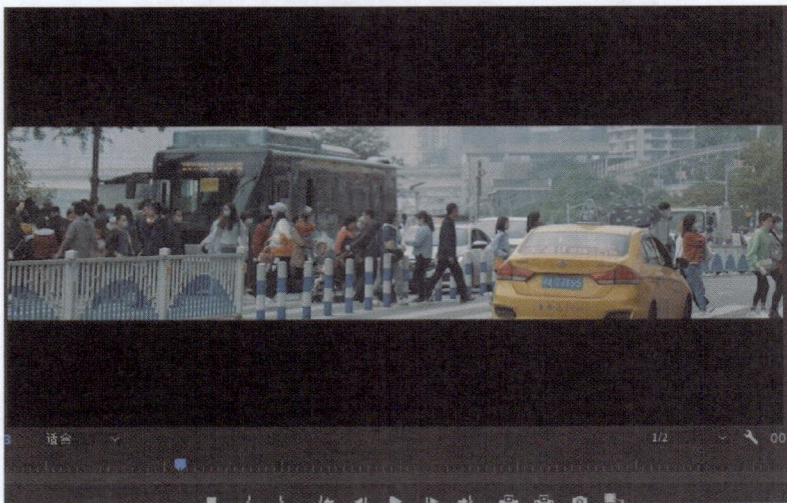

图 5-47

④按住"Alt"键把素材向上复制一层，如图 5-48 所示。

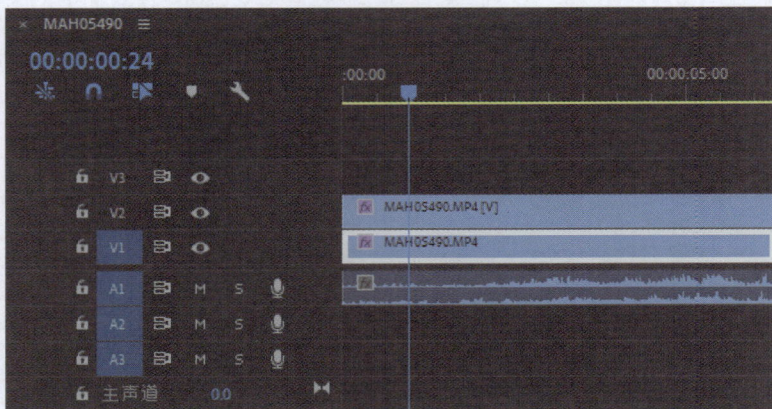

图 5-48

⑤将复制素材的"裁剪"效果删除，新建旧版标题，添加相应字幕，如图 5-49 所示。

⑥将字幕文字调整到需要的大小并完全置于黑幕上，又回到"效果"面板搜索"轨道遮罩键"，把"轨道遮罩键"拖拽到复制好的素材上，如图 5-50 所示。

⑦在"效果控件"里调整遮罩为"视频 3"，合成方式改为"亮度遮罩"，如图 5-51 所示。

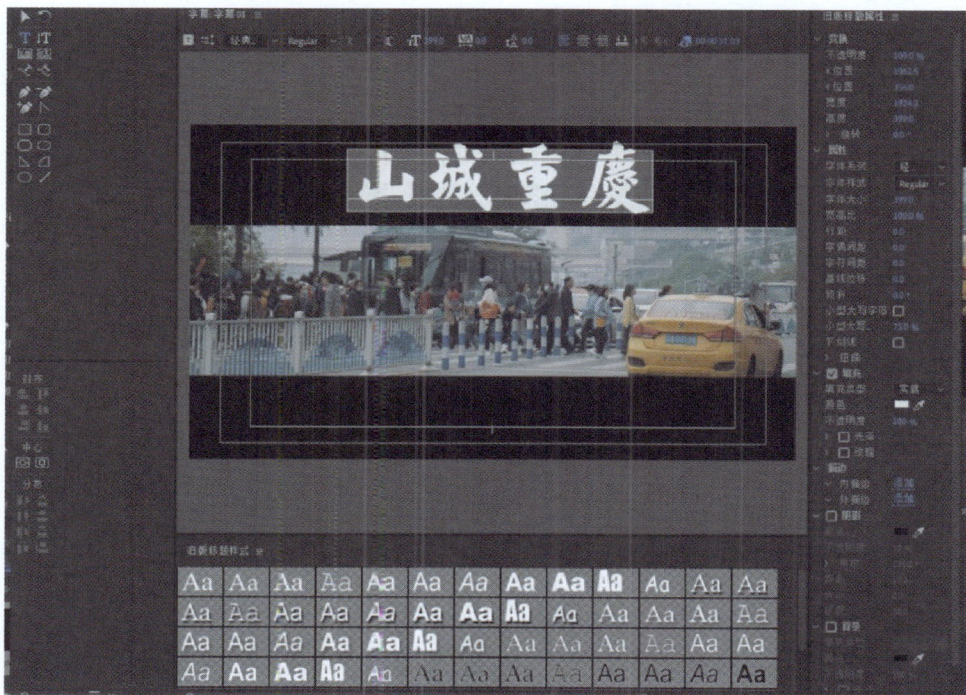

图 5-49

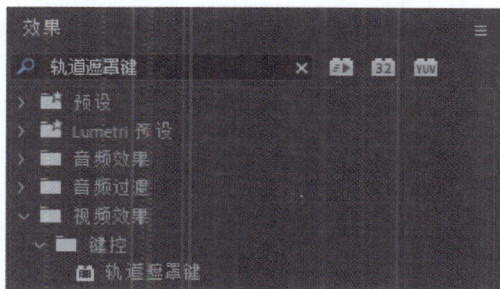

图 5-50

图 5-51

⑧这时片头遮罩效果已经出现，但字幕出现得太过突兀。因此在字幕开头位置给它的"不透明度"打上一个关键帧，数值改为 0%，如图 5-52 所示。在时间轴上后移，打上另外一个关键帧，又将"不透明度"改为 100%。片头就已经制作完成，如图 5-53 所示。

图 5-52

图 5-53

活动四 设置并发布短视频

①使用前面学过的方法发布短视频，在显示的界面中输入短视频的标题和描述，完成后单击"发布"按钮，如图 5-54 所示。

图 5-54

②审核通过后即可观看发布的短视频，如图 5-55 所示。

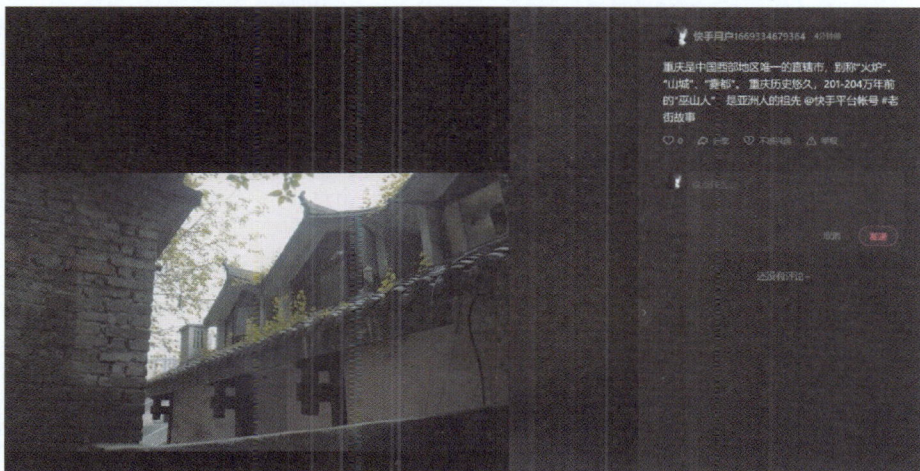

图 5-55

【同步实训】

制作"厦门旅游"短视频

本次实训要求制作"厦门旅游"短视频，通过视频记录的方式，将去厦门旅游拍摄的画面制作成短视频，并发布在 VUE Vlog 社区上。同学们可以邀请家人或同学组成短视频拍摄团队，明确分工（摄影、出镜等），最后将拍摄的视频素材通过 VUE Vlog App 剪辑成一个完整的短视频。如图 5-56 所示为"厦门旅游"短视频参考效果。

图 5-56

表 5-2 为"厦门旅游"短视频分镜头脚步，同学们可以参考此分镜头脚本进行拍摄，也可以在此基础上自由发挥，或者完全按自己的想法进行全新创作。

表 5-2　"厦门旅游"短视频分镜头脚本

分镜	景别	镜头	画面	时长／秒
1	远景	固定镜头	拍摄海面的风景	13
2	远景	固定镜头	仰拍晚上的月亮	3
3	全景	固定镜头	站在店铺的对面拍摄小店的场景	3

续表

分镜	景别	镜头	画面	时长 / 秒
4	近景	固定镜头	拍摄猫咪	4
5	中景	摇镜头	站在高处拍摄房子的顶部	7
6	中景	推镜头	拍摄雕像	3
7	中景	固定镜头	拍摄小吃店员工的工作	9
8	特写	固定镜头	拍摄餐馆的特色	4
9	特写	固定镜头	拍摄海螺	3
10	特写	环绕镜头	拍摄美食	3
11	近景	移镜头	把窗户作为框架拍摄里面的环境	3
12	全景	固定镜头	逆光拍摄人物的剪影	5
13	全景	固定镜头	拍摄傍晚海浪拍打沙滩的画面	3
短视频成片总时长：1分3秒				

【项目小结】

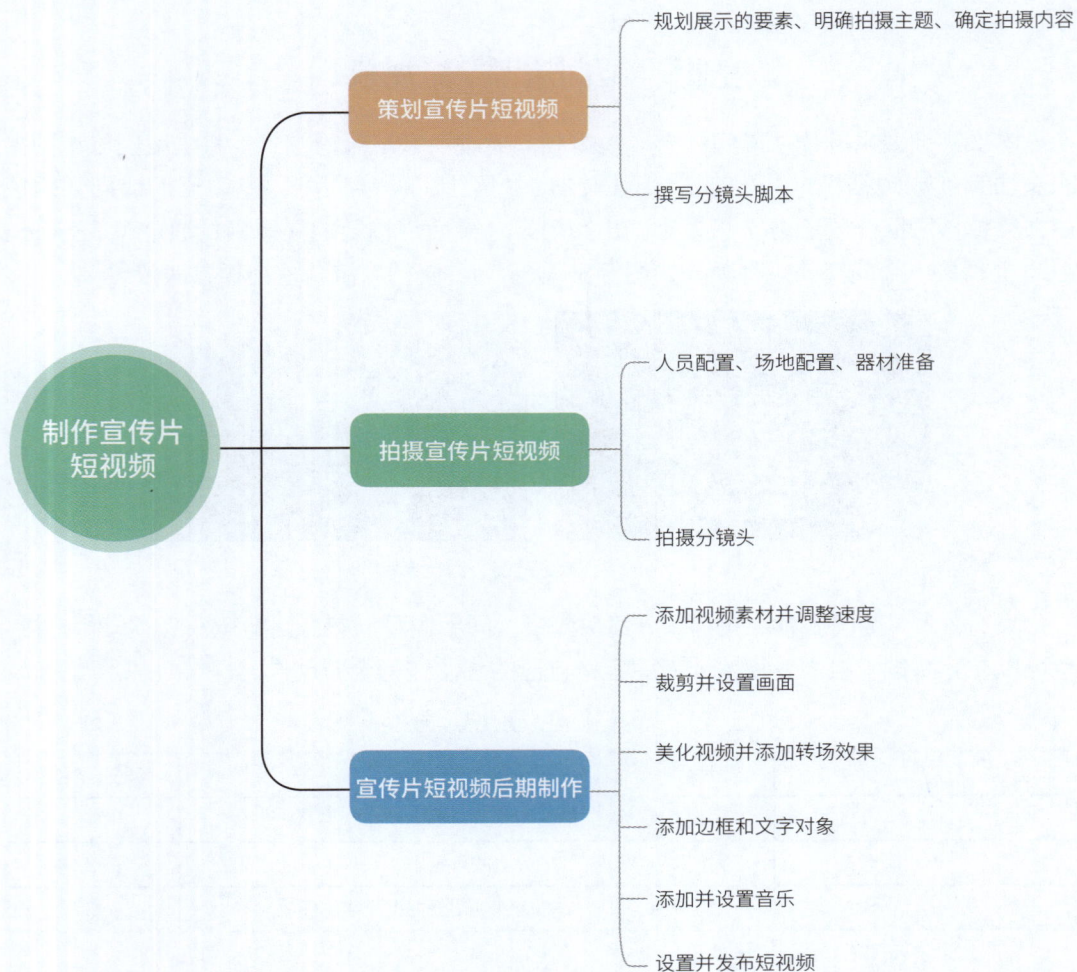

项目六
制作人物写真短视频

　　随着生活水平的不断提高和审美意识的提高，人们对生活中艺术的追求也越来越高。加之，如今的年轻人都喜欢彰显个性，追求与众不同，更愿意表达，所以很多人都喜欢拍摄人物写真短视频，表达自己对生活的热爱和对美的追求，舒缓平时积压的情绪，发现自己不一样的美，记录自己的变化，提升幸福感和满足感。

知识目标

⭐ 了解人物写真短视频的拍摄方法。
⭐ 了解拍摄人物写真短视频的注意事项。

技能目标

⭐ 能策划人物写真短视频。
⭐ 能拍摄人物写真短视频。

素养目标

⭐ 培养良好的审美意只。

任务一 | 策划人物写真短视频

活动一　策划人物写真短视频的选题

一、明确拍摄主题

人物写真短视频以人物为主题，通过剧情、表演和场景来传达人物的特点和情感。详细的拍摄计划包括拍摄时间、地点、设备、服化道等。

二、确定拍摄内容

此次将重点拍摄人物的服装、表情及周围的环境，以此反映主题。

友情提示

- 选择适合人物的场景，如漂亮的公园、海滩、城市街景等，同时要考虑灯光、色调等因素，以确保视频的效果。
- 构图建议使用三分法、对称法等经典构图方法，以提高视频的视觉冲击力。
- 视频的画面包括背景一定要保持干净整洁的状态，避免出现刺眼的颜色。
- 人物不要穿格子装和条纹装。

活动二　撰写人物写真短视频分镜头脚本

人物写真短视频分镜头脚本见表6-1。

表6-1　人物写真短视频分镜头脚本

分镜	景别	镜头	画面	时长／秒
1	近景	固定镜头	拍摄人物手拿银杏叶，眼睛望向银杏叶的画面	12
2	中景	固定镜头	拍摄人物站在银杏叶下的画面，以及人物撒银杏叶的画面	25
3	全景	固定镜头	拍摄人物撒银杏叶后，银杏叶落满全身的画面	15
4	近景	移镜头	拍摄人物的手部动作	14
5	近景	环绕镜头	拍摄人物注视银杏叶的画面	28
6	近景	固定镜头	仰拍人物撒银杏叶的画面	11
7	全景	固定镜头	拍摄人物捡落叶的画面	45
8	全景	固定镜头	拍摄人物拿起银杏叶朝向阳光注视的画面	10
9	中景	固定镜头	侧面拍摄人物抛落叶的动作	9

活动一 人、景、物的装备

一、人员配置

一个人担任短视频的主角，另一个人拍摄。

二、环境布置

此次拍摄无须布置场地，只需要将金黄的银杏叶作为道具进行拍摄。

三、器材准备

一台单反相机、一个大光圈的长焦镜头，如果没有相机，也可以使用手机的 4K 拍摄模式，还需要准备一组灯光设备和一个反光板。

活动二 拍摄分镜头

1. 分镜 1

在拍摄这个画面的时候使用固定镜头，在人物的左手边近景拍摄人物拿起银杏叶观察的画面，如图 6-1 所示。可以降低机位仰拍，把高处的银杏树作为背景，画面就不会显得杂乱无章，反而会变得更加简洁干净，色彩也会更加纯净，拍摄人物的半身时比较适用此种方法。

图 6-1

2. 分镜 2

在拍摄这个画面的时候使用固定镜头，采用中景从人物的前方以仰拍的角度拍摄人物撒银杏叶，如图 6-2 和图 6-3 所示。运用小光圈可以让观众看到人物和人物背后飘落的银杏叶更加协调。

图 6-2

图 6-3

3. 分镜 3

在拍摄这个画面的时候使用固定镜头，全景拍摄人物抛撒银杏叶，以及银杏叶飘落到身上，如图 6-4 至图 6-6 所示。画面采用三分法构图，展示了人物与环境的关系，尽可能减小人物的比例，将更多的画幅留给环境与留白，使画面效果更丰富。

图 6-4

图 6-5

图 6-6

4. 分镜 4

近景拍摄这个画面时使用了移镜头，从人物右侧拍摄人物看着手中的落叶，如图 6-7 所示。因为设备的运动使得画面内的物体不论是处于运动状态还是静止状态，都会呈现出位置不断移动的态势。

图 6-7

5. 分镜 5

这里使用环绕镜头，近景拍摄时要把焦点放在人物的眼睛上，使观众看清人物的眼睛和手部的动作，如图 6-8 和图 6-9 所示。环绕镜头以人物为中心环绕点，进行环绕运镜拍摄，展现主体与环境之间的关系，营造出一种独特的艺术氛围。

图 6-8

图 6-9

6. 分镜 6

在拍摄这个画面的时候使用固定镜头，近景仰拍人物撒银杏叶的动作，如图 6-10 所示。仰拍避开了杂乱的背景和来往的人群，让整个画面更加干净。

图 6-10

7. 分镜 7

在拍摄这个画面的时候使用固定镜头，从人物右前方全景拍摄人物捡落叶的动作，如图 6-11 所示。

图 6-11

8. 分镜 8

在拍摄这个画面的时候使用固定镜头，通过中景展示人物的活动，如图 6-12 所示。运用小光圈和反光板，使人物的皮肤看起来更有质感，也更加自然。

图 6-12

9. 分镜 9

在树林中，运用固定镜头，中景拍摄人物抛银杏叶的画面，如图 6-13 所示。运用小光圈拍摄，增加人物前方的留白，使观众看清飘落的银杏叶。注意不能逆光拍摄，否则人物会显得很黑。

图 6-13

活动一　新建项目

一、导入素材

①新建一个名为"人物写真"的项目，如图 6-14 所示。

②选择"文件"→"新建"→"序列"命令，创建序列。

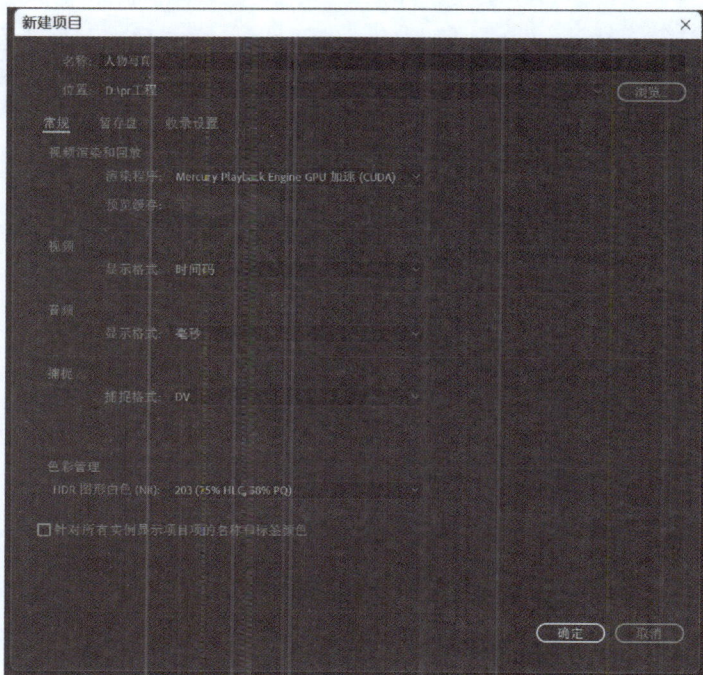

图 6-14

③选择计算机文件夹中所有拍摄的视频素材，将视频文件拖拽到"项目"面板中，如图 6-15 所示。

图 6-15

二、镜头组接

①将"项目"面板中的所有视频文件拖拽到"时间线"面板中的"视频1"轨道中，如图6-16所示。

②将弹出"剪辑不匹配警告"提示框，单击"更改序列设置"按钮。

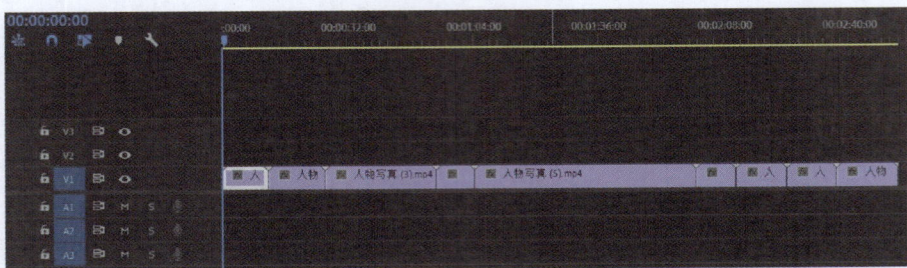

图6-16

活动二　调整素材

采用前面学过的方法，将"人物写真（1）"文件在时间00：00：11：04之后的内容删除，将"人物写真（2）"文件在时间00：00：23：15之后的内容删除，将"人物写真（3）"文件在时间00：00：49：21之后的内容删除，将"人物写真（4）"文件在时间00：00：57：15之后的内容删除，将"人物写真（5）"文件在时间00：01：52：09之后的内容删除，将"人物写真（6）"文件在时间00：02：01：03之后的内容删除，将"人物写真（7）"文件在时间00：02：13：14之后的内容删除，将"人物写真（9）"文件的在时间00：02：43：00之后的内容删除。

活动三　编辑素材

一、添加视频过渡

①在"效果"面板中展开"视频过渡"特效分类选项，将"溶解"下的"交叉溶解"特效分别拖拽到"时间线"面板中的"人物写真（2）""人物写真（3）""人物写真（4）""人物写真（5）"文件开始的位置，如图6-17所示。

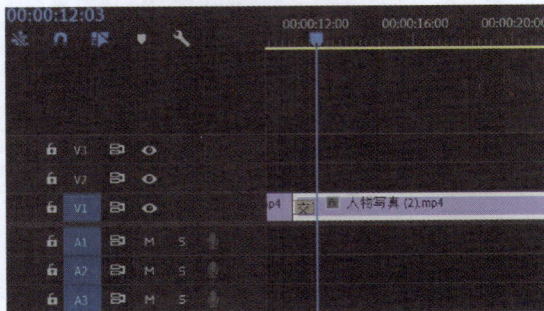

图6-17

②将"内滑"下的"急摇"特效拖拽到"时间线"面板中的"人物写真（6）"文件开始的位置。

③将"溶解"下的"交叉溶解"特效分别拖拽到"时间线"面板中的"人物写真（7）""人物写真（9）"文件开始的位置。

二、剪辑音频素材

①选择素材文件中的"配音"文件，将"配音"文件拖拽到"项目"面板中，如图 6-18 所示。

图 6-18

②将"项目"面板中的"配音"文件拖拽到"时间线"面板中的"音频 1"轨道中，如图 6-19 所示。

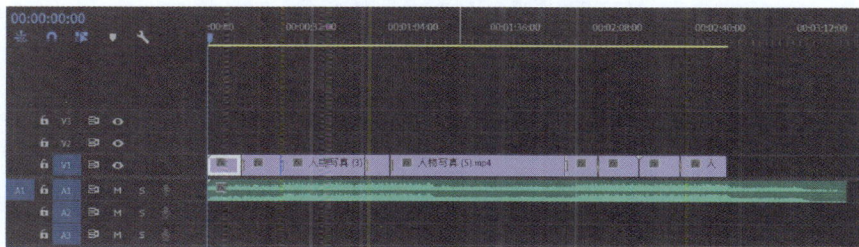

图 6-19

③将鼠标指针放在"配音"文件的结束位置，当鼠标指针呈 ◀ 形状时单击，选取编辑点。按 E 键，将所选编辑点扩展到播放指示器的位置，如图 6-20 所示。

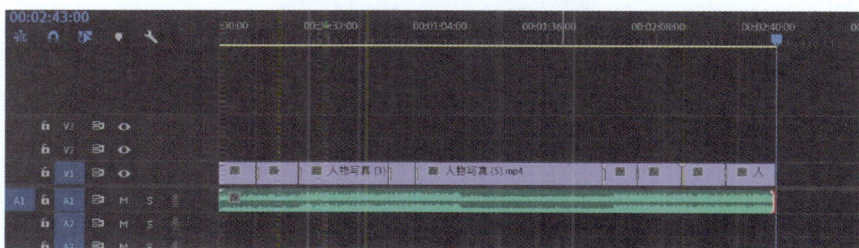

图 6-20

三、添加音频过渡

在"效果"面板中展开"音频过渡"特效分类选项，将"交叉淡化"下的"指数淡化"特效拖拽到"时间线"面板中"配音"文件末尾的位置，如图 6-21 所示。

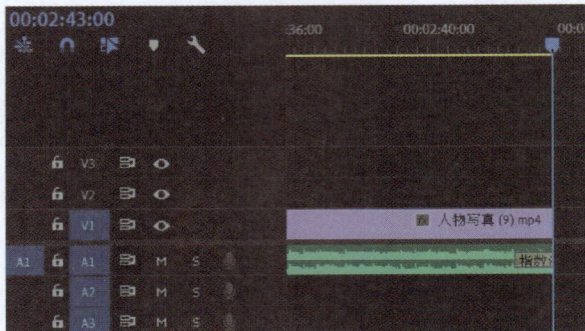

图 6-21

四、视频调色

常规的调色流程：黑白灰调整→校色→细节处理→风格化→最终处理。对画面的整体调色主要是对画面进行色彩还原，包括校正画面的亮度、白平衡、饱和度。

①单击预设面板的"颜色"，右侧会出现一个"Lumetri 颜色"滤镜面板，调色工作主要在这里进行，如图 6-22 所示。

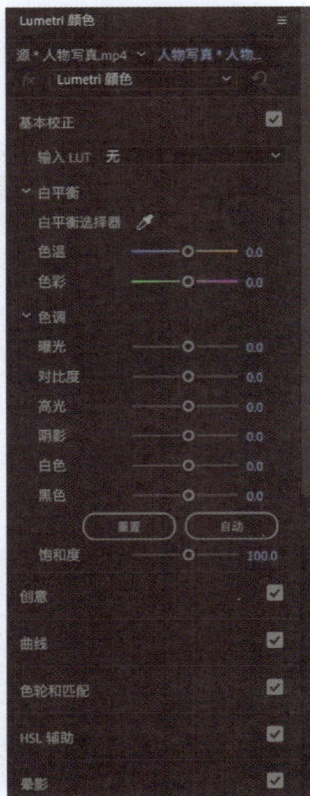

图 6-22

②导入素材后，首先分析素材是否有曝光上的问题，将画面处理成正常的曝光。在"基本校正"中调整曝光参数，调整完后检查白平衡、对比度和饱和度是否与画面协调，如图 6-23 所示。

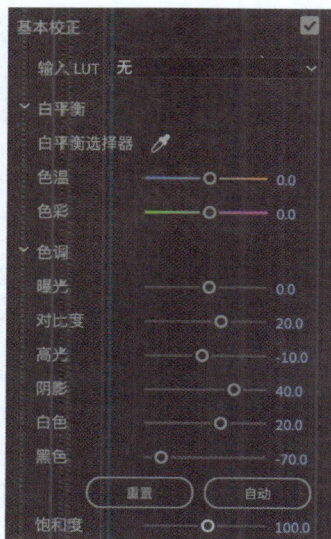

图 6-23

③初级校色完成后，进行细节处理。三击"色轮和匹配"面板，根据色轮调整参数，如图 6-24 所示。

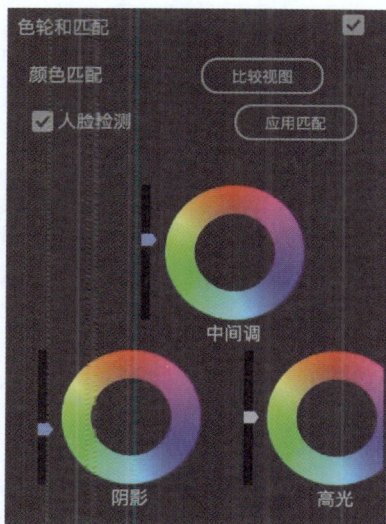

图 6-24

④添加风格预设，在创意模块下可以选择 look 预设，Premiere 中自带了很多预设风格，单击左右箭头可以预览效果，如图 6-25 所示。

图 6-25

⑤最后调整出对比视图，观察前后对比，再调整细节进行最终处理，完成调色，如图 6-26 所示。

图 6-26

活动四 设置并发布短视频

①使用前面学过的方法发布短视频，如图 6-27 所示。

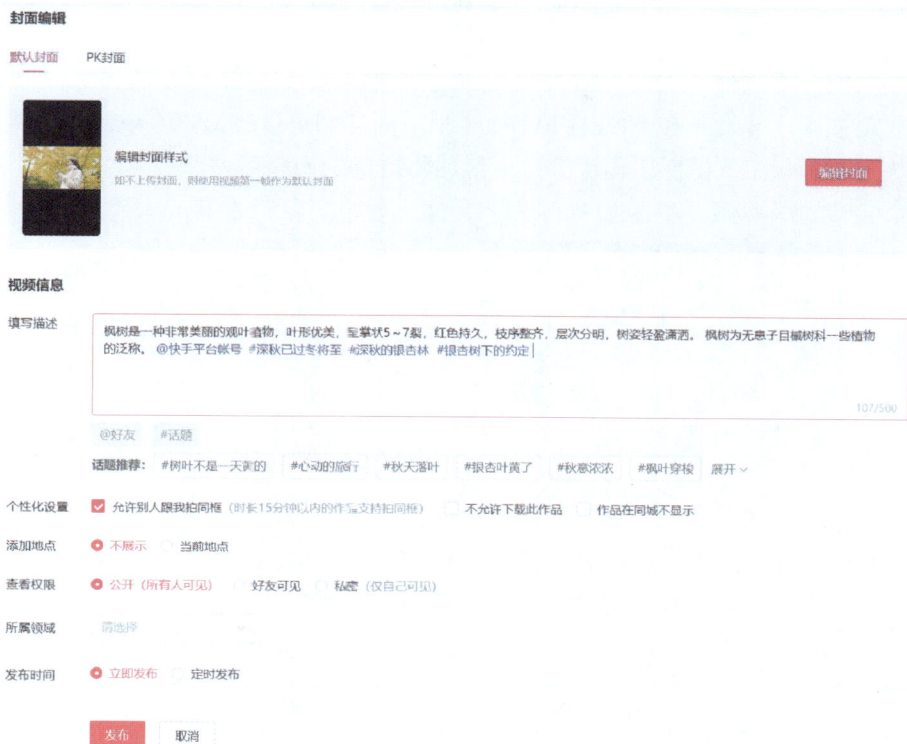

图 6-27

②审核通过后即可观看发布的短视频，如图 6-28 所示。

图 6-28

【同步实训】

制作"人像"短视频

本次实训要求制作"人像"短视频，通过视频记录的方式，将人物游玩时拍摄的画面制作成短视频，并发布在 VUE Vlog 社区上。同学们可以邀请家人或同学组成短视频拍摄团队，明确分工（摄影、出镜等），最后将拍摄的视频素材通过 VUE Vlog App 剪辑成一个完整的短视频。图 6-29 所示为"人像"短视频参考效果。

图 6-29

表 6-2 所示为"人像"短视频分镜头脚本，同学们可以参考此分镜头脚本进行拍摄，也可以在此基础上自由发挥，或者完全按自己的想法进行全新创作。

表 6-2　"人像"短视频分镜头脚本

分镜	景别	镜头	画面	时长 / 秒
1	近景	固定镜头	侧面拍摄人物招手的画面	3
2	中景转近景	固定镜头	背面拍摄人物招手的画面,并将镜头拉近	8
3	近景	固定镜头	正面拍摄人物	5
4	近景	环绕镜头	拍摄人物头部	3
5	特写	固定镜头	拍摄人物脸部的神态	3
6	近景	固定镜头	拍摄人物的面部表情	4
7	中景	摇镜头	侧面拍摄人物奔跑的画面	8
8	近景	固定镜头	拍摄人物旋转的画面	5
9	近景	固定镜头	侧面拍摄人物挡光的动作	5
10	特写转近景	固定镜头	后面拍摄人物挡光的时候手推出去的过程，镜头拉远后拍摄人物的背影和挥手的动作	10
11	近景	固定镜头	拍摄人物的脸部表情	5
12	中景	空镜头	拍摄空画面	2
短视频成片总时长: 1 分 1 秒				

【项目小结】

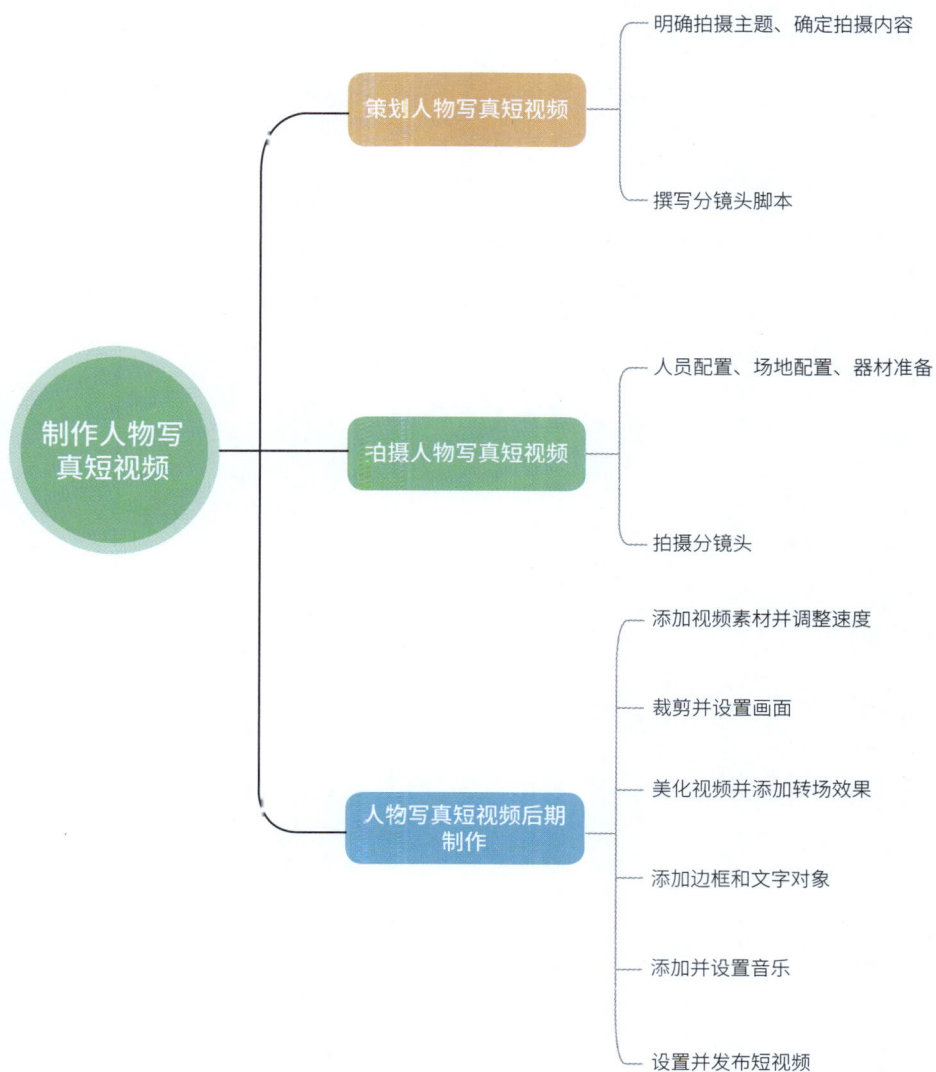

制作人物写真短视频

- 策划人物写真短视频
  - 明确拍摄主题、确定拍摄内容
  - 撰写分镜头脚本

- 拍摄人物写真短视频
  - 人员配置、场地配置、器材准备
  - 拍摄分镜头

- 人物写真短视频后期制作
  - 添加视频素材并调整速度
  - 裁剪并设置画面
  - 美化视频并添加转场效果
  - 添加边框和文字对象
  - 添加并设置音乐
  - 设置并发布短视频

项目七
短视频发布与推广

抖音、快手、小红书、淘宝、视频号、知乎、哔哩哔哩……短视频渠道这么多，全部布局显然不太现实，因为平台的特性不同，运营方总不能一个平台写一个剧本，浪费时间也浪费成本。全渠道布局对于个人和小微企业来说，并不是十分现实，建议在运营初期，先挑选一个适合自己行业的短视频渠道进行运营。

知识目标

⭐ 了解各类短视频平台。
⭐ 了解短视频账号的设置。
⭐ 了解短视频的变现方式。

技能目标

⭐ 能完成短视频渠道推广。
⭐ 能完成短视频运营的数据分析。

素养目标

⭐ 培养遵守短视频平台规则的习惯。

活动一　选择短视频平台

首先要对各个短视频运营平台的特性有一个比较清晰的了解，不同平台的算法和推荐机制不同，用户的喜好、特点和受欢迎的内容也有很大的差别。

一、抖音

抖音（图 7-1）是北京字节跳动科技有限公司开发的短视频社交软件，用户主要是年轻人、时尚达人，女性居多，一、二线城市的中产用户居多。抖音的特色是呈现多元化，智能推荐，内容发布操作简单，能迅速提升优质主播的人气，每日活跃用户数约 6 亿，抖音已成为短视频领域的佼佼者。如果想涉足短视频创作，抖音可以作为首选。变现的方式有小黄车、抖音小店、平台活动、广告、直播流量分成。

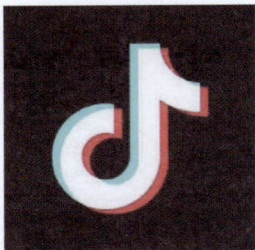

图 7-1　抖音 Logo

二、快手

快手（图 7-2）是北京快手科技有限公司开发的短视频软件，用户主要是年轻人，主要居住在三、四线城市，女性居多。快手的特色是呈现多元化，视频更新速度非常快，每日活跃用户数约 3 亿，在短视频领域排名第二。该平台对于创作者的支持力度也是相对较高的。

图 7-2　快手 Logo

三、哔哩哔哩

哔哩哔哩（图7-3）是上海幻电信息科技有限公司开发的短视频平台，英文名称为 bilibili，简称"B站"，用户以"90后""00后"的年轻人为主。哔哩哔哩早期以动画、漫画、游戏类内容为主，如今围绕用户、创作者和内容，构建了一个源源不断产生优质内容的生态系统，已经成为涵盖 7 000 多个兴趣圈层的多元文化社区，每日活跃用户数超过 8 000 万。变现的方式有广告、UP 主激励计划。

图7-3　哔哩哔哩 Logo

四、视频号

视频号（图7-4）是腾讯公司开发的短视频平台，用户群体包括各个年龄段的人群，绝大部分用户居住在一、二线城市，三、四线及以下城市的用户较少。视频号的内容以图片和视频为主，可以发布长度不超过 1 分钟的视频，或者不超过 9 张的图片，还能带上文字和公众号文章链接，不需要 PC 端后台，可以直接在手机上发布。变现的方式有广告、私域沉淀、小程序变现等。

图7-4　视频号 Logo

五、好看视频

好看视频（图7-5）是属于百度公司的短视频平台，用户年龄主要集中在 25 ～ 40 岁，三、四线城市的年轻人和一、二、三线城市的中年人占比较大。好看视频的特色是全面覆盖知识、美食、游戏、生活、健康、文化、情感、社会、资讯、影视等领域。每天有 1 亿左右活跃用户在好看视频遨游。变现的方式有广告、私域引流、好看商铺等。

图7-5　好看视频 Logo

六、小红书

小红书（图7-6）是行吟信息科技（上海）有限公司开发的短视频平台，用户以"95后""00后"的女性为主，她们主要居住在一、二线城市。小红书是一个生活方式分享社区，同时设有社区电商板块。小红书用户喜欢在社区里分享购物经验和商品使用效果评测，内容涉及生活的方方面面。小红书会将社区中的内容精准匹配给对它感兴趣的用户，从而提升用户体验。变现的方式有广告、私域引流等。

在选择短视频渠道之前要先对自己的产品和运营目标有个清晰的认识：你是以什么样的目的选择短视频渠道的？

教育、美妆等行业基本上在提到的所有短视频运营平台都可以做，但是根据运营目的不同，渠道也可以进行更进一步的划分。

例如，电商带货：优选流量比较大、电商环境也比较完善的快手和抖音短视频运营平台。精准获客：优选目标用户喜欢的平台，以及依托于精准搜索进行推荐的好看视频、小红书等专业性比较强的平台。私域引流：优选具备强社交属性的视频号。

图7-6 小红书 Logo

活动二 完善账号属性

一、账号定位

1. 确定变现方式

在做账号定位前先要明确变现方式，先考虑变现再考虑定位。

变现方式可以结合产品信息、企业的商业模式、自己擅长的领域来确定。例如，如果你擅长做剪辑，那么后期可以通过卖剪辑课来变现。

2. 分析粉丝画像

明确变现方式后，需要确定目标群体，也就是你想要吸引什么样的粉丝。

粉丝画像通常包括性别、年龄、人物共性等方面，从这些方面需要分析他们的消费习惯和消费喜好。

3. 明确账号的内容和形式

在明确了账号的整体方向后，接下来需要明确账号的内容和形式。最好的方法就是参考同行账号，做竞品分析，借鉴他们做得好的地方，不断优化自己的账号。

分析同行账号，可以从主客观两个角度出发。

主观分析：分析同行账号对观众的吸引力、内容的优缺点、账号的转化率和变现率等。

客观分析：

①分析用户习惯。观察同行账号最近一到两周作品的发布时间、发布频率，总结哪个时间段的流量最好。

②分析同行的差异点。无论是做什么类型的账号，想要获得用户的关注，都需要有一个"最"字。如最会色彩搭配的插花师、最会摄影的花店老板、最会旧物改造的绘画家……只有当你的账号有了"最"，才能在观众心里建立特殊的记忆点，成功获得更多人的关注。

③做好市场调研。观察同行账号最近一个月的流量情况。根据流量反馈来分析市场饱和度。如果一个有十几万甚至上百万粉丝的大号，作品流量只有几千，那么说明这种类型的市场需求可能不高。

4. 细分定位

账号总体的定位确定后，接下来就需要细分定位，包括出镜演员的确定、人设的定位及打造等。

二、内容创作原则

1. 采用吸引力法则

在短视频平台中，让人"看下去"的吸引力非常重要。那么，如何才能让用户决定"看下去"？那就是"建立期待"。

通俗的解释就是不要忘记在内容里埋上"诱因"，诱因可以是很多种：可以是音乐，是人物魅力，是视觉奇观；也可以是身份代入、文案预告等。而植入的期待，则可以是：会搞笑，会好看，会感动等。

以抖音短视频内容最为重要的元素——"音乐"作为诱因为例：不同的音乐风格，会带给用户不同的情绪反馈，从而直接建立起相应的观看期待。

常见如：诙谐的音乐，可建立起"会搞笑"的期待；煽情的音乐，可建立起"会感动"的期待；励志的音乐，可建立起"会很燃"的期待；而附带的"反转梗的音乐"，则可建立"会怎样"的期待。

2. 巧用"三段论"

人群可分为三类：社会人群、消费人群和参与人群，而每一种人群的洞察，都可以用"三段论"来拆解，这样也才能产出更优质的（商业）内容创意。

以"消费人群"的洞察为例：我们首先要对产品的核心消费人群进行洞察，了解其在购买/使用该类产品时最普遍的认知和行为关注；然后整理出"共性"来植入内容创作，以建立最广泛的共鸣；最后给出解决方案（来推介某款产品时）才更具有说服力。

例如，手机的目标消费人群为"爱玩手机的年轻人"，那我们就要洞察这类人群在玩手机、买手机时最大的诉求和关注点。如害怕手机过热带来操作受阻，那么达人们便可以基于这个关注点来创意内容，最后再给出新品手机的解决方案——"试试水冷散热的手机"。这更能建立起用户"会有用"的期待，从而更深地"种草"产品，带来更有效的转化。

以"社会人群"的洞察为例，最重点的是根据传播目标来挖掘社会人群的共性，并基于洞察通过内容创意来营造情境，这样才能带来更广泛的观看，让产品顺势植入。

以"参与人群"的洞察为例，则要去认真分析平台上的最火的内容（包括热门视频、热门音乐等）是什么，找到他们为什么会火的原因，从而激发深层次的用户互动。

3. 内容创作的基本方法

（1）模仿法

模仿当下最热的视频，通过翻拍、使用原声或同款 BGM、积极参与挑战赛等方式来进行内容创作。

（2）二次创作法

根据热搜、新闻，以及知名影视剧等，进行发散创作。相比起简单的模仿，这样的创作形式更深入，且能很好地结合热点，赢得流量。

（3）反转法

大家预想的事件的正常发展结局是 A，但可以抛弃这个点，另辟蹊径，转换结局，让它出其不意发展成 B，这样的方法在剧情类视频爆款中常常能见到。反转设置得越多，剧情的可看性越高。

（4）专业提取法

将自己专业的知识储备，通过简单易懂的方式传递给用户，这类方法尤为适合垂直类内容创作，很容易获得黏性高、有需求的粉丝，如美妆、汽车、母婴等。

（5）生活观察法

发挥民间智慧，记录下你和家人、朋友身上发生的故事，提取其中的精华进行内容创作；因接地气的生活更容易获得普罗大众的共鸣，从而能达成更好的传播效果。

4. 爆款内容的常见结构

好的内容，其实本身有相对稳定的结构，可简单总结为：

①在视频开场的 3~5 秒：一定要亮出关键点，千万不要挑战用户的耐心，这是提升完播率的关键。

②中途的时间：要控制好内容发展的节奏，要设置足够多的诱因（包括音乐、人物关系等）来"吸"住用户，避免因内容枯燥带来的用户跳出（具体来说，横屏视频要做到 30 秒一小梗，60 秒一大梗）。

③在视频片尾：则要做到出其不意，有惊喜，有反转，有互动鼓励，以促进用户反复观看，提升复播率和互推场景，再由场景构建剧情，这样才能让产品与剧情衔接得更加自然。

具体到衔接形式上，又可分为拼接、植入和融合。这三种形式对于创作者的要求是逐级上升的，越往上内容越细腻，植入往往也越巧妙。

①拼接：即以剧情为重点吸引用户往下看，在剧情中（常见于末尾）让产品露出，

露出部分几乎不影响内容完整性。

②植入：将产品作为剧情一部分呈现在内容中，与情节高度融合，产品可作为关键道具推动剧情发展。

③融合：内容与产品密不可分，完美结合，产品利益点可以非常流畅、形象地传达。

活动三　组建创作团队

短视频运营是通过合理的短视频内容制作、发布及传播，向用户传递有价值的信息，从而实现短视频传播和用户增长与转化的目的。要想能够持续地给用户创作有价值的内容，就必须具备持续制作高质量内容的能力，因此拥有一支优秀的短视频内容制作团队至关重要。所以，组建短视频制作团队是短视频运营前期工作中非常重要的一个环节。一个优秀的短视频制作团队可以最大化地保证短视频成品的质量，高效地产出成果。快速组建一个视频内容制作团队重点在于先确定需要哪些工作人员，再根据具体情况做出结构调整，达到一个最佳的人员配置组合，并确定团队内部具体的工作流程。这是短视频内容制作工作能够有条不紊展开的重要保证。

一般来说，短视频制作团队的人员配置与分工有以下三种情况。

第一种情况：1人配置，单人戏团，1人承包所有的内容制作工作。有的短视频制作团队因经济受限等各种因素的影响，一个人包揽策划、拍摄、演绎、剪辑等全部工作，但是这种情况工作量很大，且制作时间成本较高，虽然不乏内容创作质量较高的：短视频策划与运营实战优秀者，但相对而言整体质量较为一般。第二种情况：2人配置，两人成团，相互分担整体工作。因人员较少，2人配置的分工并不是很明确，通常两人都要承担策划、摄影、剪辑、出镜的工作，或者是一人身兼编剧和导演，另外一人承担拍摄和剪辑的工作。这种人员配置相比单人配置会轻松一些，但是整体任务量依旧比较大，要求两人综合实力要强，相对而言也比较艰难。第三种情况：多人配置，各司其职，分工明确。多人配置为3人及3人以上的成员组成一支内容制作团队。

编导：编辑＋导演，主要工作包括确定策划主题、内容方向和短视频风格，贯穿内容制作过程的始终。能够根据短视频定位，参与短视频内容策划，搭建剧本脉络和框架，编写策划案和脚本；落实所需场地、道具设备等，并组织拍摄，指导摄影师和剪辑师更好地呈现短视频的主题，精准地把握短视频的拍摄方向；监控制作全过程，保证短视频按时按质完成。

摄影师（图7-7）：拍摄镜头和脚本的人，主要对拍摄负责，根据脚本内容通过镜头把想要表达的内容表现出来；负责摄像的构图、灯光和镜头处理等的最佳状态，按照编导的策划完成高质量画面摄制。

剪辑师（图7-8）：主要对最后的成片负责，需要将拍摄的视频按照确定的主题和方向剪辑成3~5分钟的短视频，独立完成视频的剪辑、合成、制作，熟练运用镜头语言，把各个部分的镜头拼接成视频，包括配音、配乐、字幕文案、视频调色以及特效制作等，让整个短视频内容更丰富，形式更新颖。同时，剪辑师也需要参与策划的整个过程，了解编导的想法，并通过自己的剪辑让主题在短视频中很好地呈现出来。

图 7-7　摄影师

图 7-8　剪辑师

活动四　选择变现方式

一、广告变现

广告变现大致分为 4 种：软广、冠名、贴片和代言。

向用户委婉地推荐某个产品，就是软广的形式。比如，专门做美食题材的账号，会接一些调料、厨房电器相关的软广。短视频的主角在做菜的时候，突出了做菜使用的橄榄油，这种软广，往往会让观众觉得毫无违和感，所以可以达到很好的转化效果。

在短视频行业，冠名广告通常体现为字幕明细、添加话题、添加挑战、特别鸣谢等。这和软广非常相似，相比之下，冠名广告会更强调广告主的品牌。

贴片广告是指视频的片头片尾，或者是插片播放的广告，以及背景广告等。贴片广告是创作者制作成本比较小的一种广告形式，一般广告内容放在视频片尾 5~10 秒，不会影响创作内容的本身，这种片尾植入软广的形式，较为广大用户接受，效果往往都很好。

短视频账号的粉丝足够多，账号博主也可以像明星一样代言产品。

这里提醒大家，广告植入时，必须要关注用户的体验。现在的短视频互动性更强，用户参与度更高，广告的产品是否正规，产品本身是否会影响用户的体验，都是在变现的过程中必须把关的问题。

二、电商变现

电商其实有两种：一种叫一类电商，一种叫二类电商。

两者的差别在于购买平台的直接性，如淘宝、京东等就是以购物为主的平台，用户打开就是买东西，它们叫一类电商。

抖音之类叫二类电商，用户在没有想买东西的情况下，刷视频时看到一个特别好的东西，然后跳转到淘宝、京东去购买。

抖音等相当于一个入口，给一类电商导流。如此实现一类电商和二类电商的双赢，就是内容与购买力的双向共赢。

短视频可以创作故事，让消费者在不经意的情况下了解产品特性，从而接受产品。

电商功能是短视频功能特性的延展，越来越多的博主以电商变现的方式，来为自己的账号增加收入。

三、直播变现

　　主播通过视频直播展示和介绍商品，让卖货可以不受时间和空间的限制，并且可以让用户更直观地看到和体验到产品。用户看直播时可直接挑选购买商品，直播间可以此获得盈利。观众付费充值买礼物送给主播，平台将礼物转化成虚拟币，主播对虚拟币提现，也可以获得收益。

四、课程变现

　　课程变现是最经典的内容变现方式，也就是卖课收费。例如，教英语、口语的老师可以在短视频平台上出售自己的教学课程。成本低，但受众广泛。

五、咨询变现

　　咨询是从买家角度出发促成成交，买家主动联系博主，付费咨询。

活动五　提升用户活跃度

一、向用户征集话题

　　短视频创作团队在长期制作短视频的过程中难免会遇到瓶颈，如果想不到好的选题，不如发起活动向用户征集一下，这样还能和用户互动起来，让用户在表达自我的过程中产生参与感。

二、让用户生产内容

　　引导用户自发生产内容，让观众成为内容的生产者之一，往往可以大大提升用户的热情。短视频团队可以选取一些吸引人的主题，然后发出征集活动，有兴趣的用户看到后自然会参与其中，从而与短视频团队形成良好的互动。例如，某些企业组织的各类挑战赛。

三、抛出有争议的话题

　　有分歧的话题、针锋相对的观点，通常都能调动观众的情绪。例如，美食的南北之争、热点事件的争议等，都能提高短视频的热度，吸引用户参与到讨论中。

任务二　渠道推广

活动一　优化发布渠道

渠道现在分为四类：在线视频渠道、资讯客户端、短视频渠道、社交平台。

在线视频渠道：这类平台是一些专门的视频网站，播放量主要靠搜索或者小编推荐来获得，如爱奇艺、优酷、腾讯视频。

资讯客户端：这类渠道的播放量更多的是通过自身系统的推荐机制来获得，如今日头条媒体平台、企鹅媒体平台、一点资讯。

短视频渠道：这类渠道的粉丝数量对播放量影响比较大，如抖音、快手、美拍、秒拍等。

社交平台：这类渠道更具有传播性，如 QQ 公众传媒、QQ 空间、微博、微信等。

活动二　调整内容

一、不同阶段的内容规划

要根据账号的不同等级来进行调整，有一百万粉丝的账号不可能做着十万粉丝账号的视频内容。在账号处于前期，没有较多粉丝的时候，最重要的就是内容的持续产出，持续做与定位一致的垂直内容，要让用户觉得账号是靠谱的。等到账号处于上升期时，其内容要逐步调整为技巧类，每一个视频都需要加上热门的话题。等到账号处于后期时，在粉丝达到一定量之后，在视频内容上就要更追求创意和专业性。

二、设置标签和话题

1. 数量和字数

短视频的标签个数以 6~8 个为最佳，每个标签的字数在 2~4 字。太少的标签不利于平台的推送和分发，太多的标签同样会没有重点，错过核心粉丝群体。

2. 关联度

标签的内容要切合视频内容，这也是标签的首要前提，即"准确"，如果丧失了准度，再多的标签也毫无作用。比如，发布美妆类视频，那么标签必然要属于美妆这一范畴内的，而不能发散到美食、美景等领域。

3. 热点热词

热点事件既然能成为热点，就意味着有千千万万的网民在关注这一话题。因此，在视频中加入热点、热词热搜的内容，同样会加大视频的曝光率，从而获得更多推荐。

4. 目标用户

打标签的目的就是为了找到短视频的核心受众，从而获取大量的点击率。那么在标签中就可以体现出目标人群，从而正中靶心，将视频直接投放到核心受众群体当中。

活动一　了解数据分析平台

一、新榜

新榜（图 7-9）是广大自媒体从业者最为熟知，也是比较权威的榜单工具，现在逐步在加入一些主流自媒体平台，如头条号、微博、抖音等的数据，涵盖榜单分析、数据监测、运营增长、流量变现等自媒体运营各个环节的数据。

图 7-9

目前，其提供免费和付费两种服务。

免费功能主要是各平台（如公众号、头条、微博、抖音）的 TOP 账号榜单查询，分为日榜、周榜和月榜，大致可以查询每个平台下面各个分类（如娱乐、游戏、宠物等）50~100 个 TOP 账号，可以从一定程度上，分析受众的喜好趋势变化，对自己账号的运营有一定借鉴意义。

付费的功能主要涵盖数据服务、运营增长、内容营销、版权分发等方面。比如数据监控、评论采集、快速涨粉等总体上新榜的功能比较全面强大，是目前自媒体行业主流的分析工具之一。

二、清博大数据

清博大数据（图 7-10）的榜单查询功能和新榜雷同，可以查询微信、微博、头条、抖音、快手等主流以及一些非主流平台（如梨视频、西瓜视频、美拍等）的 TOP 账号榜单，不过只有一个综合榜单，没有新榜的分类多，另外还提供舆情报告、数据报告、热点订阅等功能，同样，清博大数据提供的高级功能，如活跃粉丝预估、分钟监测等都是需要付费的，总的来说，其提供的功能不如新榜多，可以作为补充，和新榜配合使用。

图 7-10

三、Toobigdata

Toobigdata（图 7-11）的数据功能丰富，汇集抖音各大实用功能，如网红排行、热门短视频、热门挑战、热门音乐、热门带货分析、账号诊断等，而且绝大部分的数据都是免费查看，如抖音热门带货分析，在 TooBigdata 上可以免费查看到 TOP100，对于一般用户已经足够了。

对于做短视频运营者来说，Toobigdata 是绝对不可错过的好帮手。

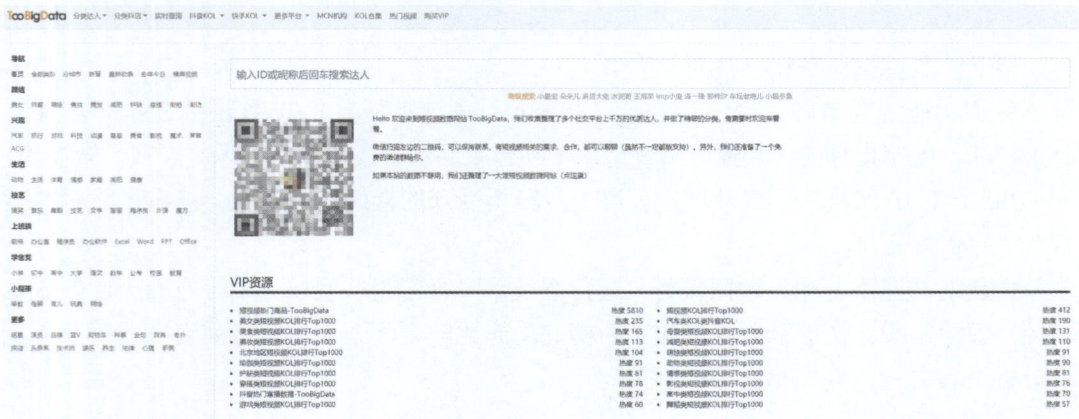

图 7-11

四、飞瓜数据

　　飞瓜数据（图 7-12）是一个专业的短视频热门视频、商品及账号数据分析平台，大数据追踪短视频流量趋势，提供热门视频、音乐、爆款商品及优质账号，帮助账号运营者完成账号内容定位、粉丝增长、粉丝画像及流量变现，可以查询包括抖音、快手、视频号、秒拍等主流短视频平台的数据，功能全面，缺点是免费功能十分有限，大部分功能都需要收费。

图 7-12

　　数据分析在短视频运营中至关重要。数据分析不仅可以发现账号问题，以便创作者及时做出调整。如当遇到某个视频播放量急剧下滑时，就可以通过数据分析查出原因，然后做出相应的调整；还可以对运营策略进行指导，如对竞争对手账号进行细致分析后，有针对性地对自己的内容进行优化，这样通过专业的分析做出的内容更能迎合受众的喜好。

活动二　监控推广效果

一、能精准推广，避免盲目的投放

　　通过监控各类数据并进行分析，能准确分析出用户对某类产品、某种信息感兴趣，而不是凭借自己的直觉进行投放，不仅实现了精准性投放，还能减少推广遭人嫌弃或者浪费推广资源的可能性。

二、用户偏年轻化，是消费的主导者

　　据数据统计显示，"80 后""90 后"与"00 后"的消费者已经成为国民消费的重要支柱，且"80 后""90 后"对消费贡献度则持续上升。短视频平台上，"80 后""90 后"的

年轻人有着较大的消费潜力。

三、推广形式比较新颖

　　随着信息科技的发展，单纯的文字说明或者图片已不能满足当下消费者的需求了，而短视频形式，能将产品特点展示得淋漓尽致，而且多为信息流形式，让用户比较容易接受，还能激发用户的消费热情。

【项目小结】

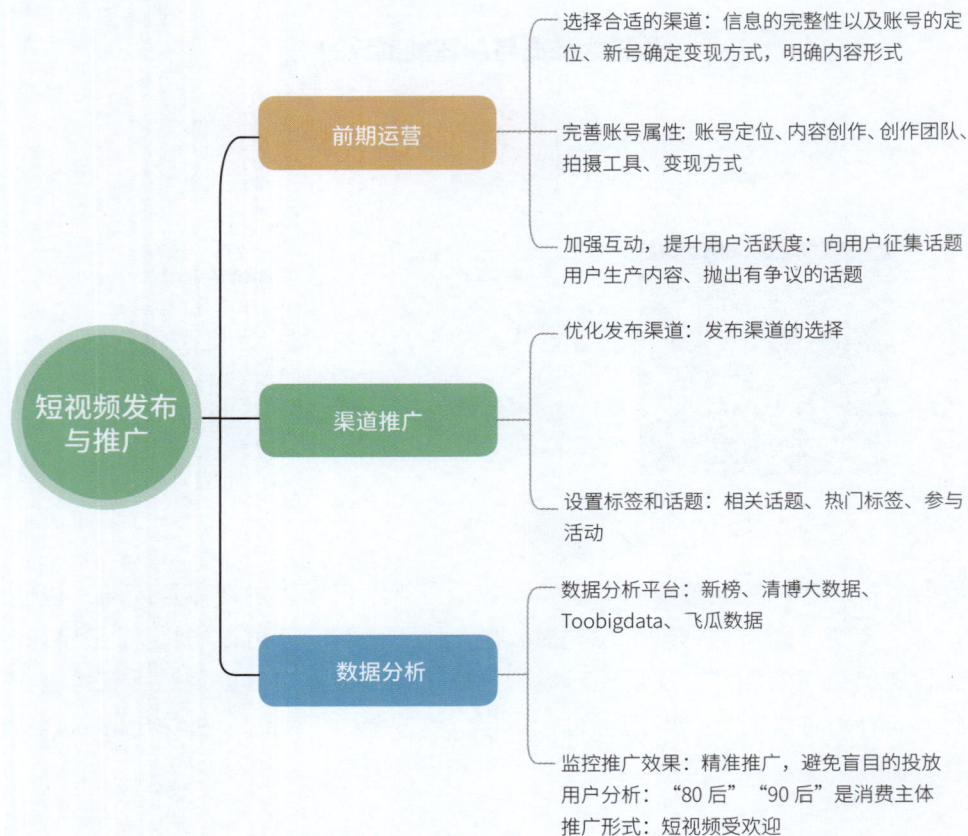

选择合适的渠道：信息的完整性以及账号的定位、新号确定变现方式，明确内容形式

完善账号属性：账号定位、内容创作、创作团队、拍摄工具、变现方式

加强互动，提升用户活跃度：向用户征集话题用户生产内容、抛出有争议的话题

优化发布渠道：发布渠道的选择

设置标签和话题：相关话题、热门标签、参与活动

数据分析平台：新榜、清博大数据、Toobigdata、飞瓜数据

监控推广效果：精准推广，避免盲目的投放
用户分析："80后""90后"是消费主体
推广形式：短视频受欢迎

前期运营

渠道推广

数据分析

短视频发布与推广